大唐西市丝绸之路考察团五次组团出国

对丝绸之路沿线 14 国的考察活动和丝绸之路学丛书的出版

蒙大唐西市集团董事局全额赞助

谨表深切谢意

丝绸之路学丛书　胡　戟　主编

Science and Technology across
the Silk Roads

丝绸之路上的科学技术

王　阳　陈　巍　著

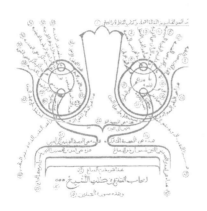

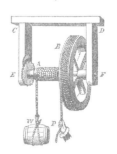

中华书局

图书在版编目(CIP)数据

丝绸之路上的科学技术/王阳,陈巍著. —北京:中华书局,
2023.1(2023.8 重印)
(丝绸之路学丛书)
ISBN 978-7-101-15911-0

Ⅰ.丝… Ⅱ.①王…②陈… Ⅲ.科学技术-发展-研究-世
界 Ⅳ.N11

中国版本图书馆 CIP 数据核字(2022)第 179675 号

书　　名	丝绸之路上的科学技术	
著　　者	王　阳　陈　巍	
丛 书 名	丝绸之路学丛书	
责任编辑	王传龙	
责任印制	管　斌	
出版发行	中华书局	
	(北京市丰台区太平桥西里 38 号　100073)	
	http://www.zhbc.com.cn	
	E-mail:zhbc@zhbc.com.cn	
印　　刷	三河市鑫金马印装有限公司	
版　　次	2023 年 1 月第 1 版	
	2023 年 8 月第 2 次印刷	
规　　格	开本/880×1230 毫米　1/32	
	印张 11　插页 2　字数 210 千字	
国际书号	ISBN 978-7-101-15911-0	
定　　价	58.00 元	

目　录

《丝绸之路学丛书》序言

　　古丝绸之路是前工业时代东西方文明交流的主渠道，也是农耕文化和游牧文化碰撞的角力场。在丝绸之路上，演出了无数威武雄壮的活剧，留下了人类文明进步的足迹。这条路官方的正式经营，当从中国汉代的张骞凿空开始，如果从汉武帝建元二年（前139年）他第一次出使西域计，迄今已有2158年了。西方学者慷慨地给予它一个美丽的名字"丝绸之路"，这是中国的荣耀。

　　从古长安西行，到古印度、古波斯、古罗马、古埃及或东行古朝鲜、日本的丝绸之路，在公元前1000年以后的大约20个世纪里，是影响世界历史发展的一根主轴。此间国际社会中的许多外交活动和经贸活动、文化交流，循这条大道展开。承担了物种和物资交流的丝绸之路，同时作为外交之路、军事之路、宗教之路、民族之路、艺术之路，以其丰富的历史内涵，使古代文明多姿多彩。

　　早在8000到1万年前人类文明初绽时起，就一步一步走出自己的这条路。制陶、炼铜、铸铁、造纸、印刷、玻璃、织丝、制茶等工艺，天文、历法、算学、建筑、水利、医药、火药等科技，稻麦、棉麻、羊马、禽兽、菜蔬、瓜果等物种，诗歌、戏剧、乐舞、绘画、雕塑等艺术，还有语言和文字，哲学和宗教，无不通过丝绸之路的传播而共享，人类才有了不断进步的物质和精神文化生活。

研究者们给予了丝绸文明高度的评价。比如佛教传入中国和朝鲜、日本，改铸了中朝日这些东方国家传统文化的面貌，而造纸术、印刷术和火药的西传，催化了资本主义的萌生。因此，百余年来，丝绸之路的研究，引起中外学者的广泛注意。近年，丝绸之路的观光旅游激起东西方人的无穷兴趣。

人类的少年时代，正是在丝绸之路上成长起来的。因为丝绸之路的历史能启迪当今世界各国人民应怎样和平交往、互动发展，共创美好的明天，可以相信，曾给人类带来文明进步的丝绸之路，将是一个长盛不衰的历史课题和旅游主线。

《丝绸之路学丛书》，力图通过考察，做一个个课题的实证研究，具体再现前丝绸之路以来，丝绸之路走过的漫长岁月里，通过交流交融，人类社会日积月累取得的共同的历史性进步。这可以昭示，无论说中国是三大发明、四大发明，还是九大发明、三十大发明，中国对人类文明做出过重要贡献；而同时，中国更多是受益者，没有丝绸之路的交流，我们的衣食住行和科学技术、精神文化生活，会完全是另一个窘迫的样子。我们感恩这条象征着文明开放的伟大道路，这个认识，应该坚定我们打开胸怀和国门，永远拥抱文明，走开放的发展道路，接受凝聚了人类进步思想精华的普世价值，融入世界。丝绸之路的研究，应该可以为当下共创地球村命运共同体提供有益的启示，当然也不忘应当汲取的宝贵教训。

大唐西市文化产业集团公司提供了五次出国考察和丝绸之路学丛书出版的全部经费，中国敦煌吐鲁番学会丝绸之路专业委员会和大唐西市历史文化研究中心，承担了考察活动和丛书编写的组织工作。各位作者，在丰厚的学术积淀上，又通过艰辛的出国考察，精心撰写了书稿；各位顾问，尤其是首席顾问柴剑虹先生、中华书局罗华彤先生，组织专家，为本书的出版，做了多年的不懈努力，一并表示衷心感谢！

中国敦煌吐鲁番学会丝绸之路专业委员会主任

大唐西市历史文化研究中心主任

陕西师范大学教授 胡　戟

2018.9.4 于三过书屋

前　言

要从世界看中国，不要从中国看世界。

——周有光 [1]

　　一提到中国古代科学技术的辉煌成就，当代中国人首先想到的是四大发明。但应当重视的是，这些发明在近代西方世界的历史转变中，才被赋予价值和意义；换言之，只有从世界的观点看中国，才能真正理解四大发明的伟大之处。正如马克思所说："火药、指南针、印刷术——这是预告资产阶级社会到来的三大发明。火药把骑士阶层炸得粉碎，指南针打开了世界市场并建立了殖民地，而印刷术则变成新教的工具，总的来说变成科学复兴的手段，变成对精神发展创造必要前提的最强大的杠杆。" [2]

---

[1] 周有光，《关于文字改革的再思考》，载刘坚，侯精一主编，《中国语文研究四十年纪念文集》，北京语言学院出版社，1993 年，第 367 页。

[2] 马克思，恩格斯，《马克思恩格斯全集》第 47 卷，人民出版社，1979 年，第 427 页。

真正世界历史的形成是从近代世界开始的。这是由近代世界的分工不断扩大，各民族的交往不断增强，并随着生产方式的变革而发生的。马克思指出："如果在英国发明了一种机器，它夺走了印度和中国的无数劳动者的饭碗，并引起这些国家的整个生存形式的改变，那么，这个发明便成为一个世界历史性的事实；同样，砂糖和咖啡是这样来表明自己在 19 世纪具有的世界历史意义的。"[①] 大工业"首次开创了世界历史，因为它使每个文明国家以及这些国家的每一个人的需要的满足都依赖于整个世界，因为它消灭了各国以往自然形成的闭关自守状态"[②]。

东西方的古代世界没有形成真正的世界历史，丝绸之路却把古代的东西世界联系起来，其联系的紧密程度和彼此交流的广度和深度往往超出我们的想象。历史和地理教科书经常告诉我们，中国处于相对封闭的地理环境，北边有漫漫戈壁和草原，西边有青藏高原，东边有一望无际的大海。纵使有高山的阻隔、大海的波涛、戈壁的酷热，陆上丝绸之路和海上丝绸之路至迟到汉代陆续开辟出来，沟通起古代的东西世界。可见，地理的局限只是减少了交流的机会，增加了交流的成本，持续上千年的丝绸之路清晰地展现着中西文明持续交流的客观事实。

条条丝绸之路通向西方。条条陆上丝绸之路和海上丝绸之路

① 马克思，恩格斯，《马克思恩格斯选集》第 1 卷，人民出版社，1995 年，第 2 版，第 88—89 页。

② 马克思，恩格斯，1995 年，第 114 页。

便捷了东西方的交流。海上丝绸之路通往马六甲海峡，或继续航行到印度，在印度南部卡利卡特等地完成货品的交易；条条陆上丝绸之路通向西域，唐代著名僧人玄奘去天竺回长安走的是不同的道路。多条丝绸之路的形成是复杂的，既有起初军事用途的丝绸之路，也有民族迁移的轨迹。这些丝绸之路最终带来多元的交流渠道，成为中西方科学技术交流的见证，保证了东西方的科学技术交流绵延不断、多姿多彩。

古代中国的四大发明是重要的，潘吉星先生的《中国古代四大发明——源流、外传及世界影响》已有充分论述。[①] 古代中国除了四大发明，还有众多的科学技术交流。期望一本书能够全部反映古代中西科学技术沿着丝绸之路传播的状况，或者东西科学技术文明的比较，这是极为困难的。本书选择一些能够展现科学技术传播与人类文明进步的有趣案例和突出亮点，基于世界的观点看，透过中西的比较，凸显古代世界科学技术传播随着不同的时代、不同的文化、不同的地理环境而发生变化和差异，同时这些传播又推动着人类文明的进步。

中西科学技术交流的历史研究一般有器物和思想两个层面。器物层面的研究是直接基于器物材料的对比，这是可见的器物的交流和比较。本书关于坎儿井技术及其传播、提花机等，都是通过器

---

① 潘吉星，《中国古代四大发明——源流、外传及世界影响》，中国科学技术大学出版社，2002年。

物的交流和比较，显示技术的最初起源，以及其后沿着丝绸之路的传播。它们中间既有从西方传入中国的，比如坎儿井技术，也有中国率先发明的技术，比如提花机，这些均是以单中心起源经过"传播——分流"过程。此外，古代技术的多中心起源，展现出多重复杂的交流形式，体现出技术在社会、时代乃至地理环境中的发明与传播状况。在此意义上，技术的传播对于人类文明的价值，甚至比技术的发明更重要。

沿着丝绸之路的中西科学技术交流，器物层面的传播很少为另外一个文化所反对，但也有相当特殊的情况，比如本书所述的古代中西外科手术的交流和比较，古代西方的外科手术已经传到新疆地区，它有传无习，没有能够在中原地区生根发芽，一个重要的原因是中国传统的身体发肤授之父母的观念；白内障摘除手术由于没有这样的文化阻碍，而在中国生根。再比如，古罗马的建筑奇迹的基础是罗马混凝土的发明，但由于其核心构成——火山灰无法在其他地区发现，古罗马混凝土建筑的传播受到了材料来源的限制而具有地方性。

中西科学技术的交流还包括思想的交流。伟大的玄奘走过的丝绸之路是一条思想和信仰的交流传播之路。在古代世界，科学远未成为主流的意识形态，它往往隐藏在历史背后，因而很少为人加以强烈的关注。另外，相对于器物层面的技术传播而言，思想层面的传播受到更大的文化因素的影响。一般而言，传播包括两个层面，一是传播到远方世界，二是为远方世界的人们所接受。

过去我们往往把西方思想未能在中国传播，归于地理环境的影响。本书所述的欧几里德《几何原本》在元代的遭遇说明，思想传播过程中的文化阻碍远大于地理阻碍，中西世界的思维差异直接影响着它们的思想传播。

丝绸之路上的科学技术交流研究，带给我们的启示是，它不是简单的关于东西文化的生硬比较，或者先验地用西方中心论的观点审视东西文化，它是从中西文化交流的具体史实出发，从中西科学技术文化不断发生碰撞和交流而彼此收益的历史事实出发来考察，这是一个较之西方中心论的文化比较方法更富有信服力的研究方法。

例如，古波斯帝国曾经东至印度，西至欧洲，南至阿拉伯半岛南部，依托帝国 900 余座驿站建立起庞大的交流系统，间接充当了古希腊文明、两河流域文明、埃及文明与古代中国文明交流的中转站。波斯帝国既是科技的发源地之一，也是科技的传播中转站。劳费尔的《中国伊朗编》对此有过广博的研究。① 世界上最早的绵羊和山羊是在伊朗扎格罗斯山脉开始驯养的，以后沿着丝绸之路传到中国；巴比伦人的小麦物种、制铜技术也是途经波斯帝国的草原丝绸之路，传到中国；反过来，中国的丝织技术也是通过伊朗传播到世界，并发扬广大成为著名的"波斯锦"。

重视古代世界的丝绸之路研究，应当从中西具体的科学技术

---

① 劳费尔，《中国伊朗编》，林筠因译，商务印书馆，1964 年。

交流来梳理中西文明，而不是理所当然地从当代的观点出发，从西方的观点出发，去生硬地进行中西的科学文化比较，从而把古希腊作为科学的几乎唯一的来源和基础。重视古代世界的丝绸之路研究，这是破除西方中心论思想的重要途径和方法，全球科技史是一部多民族和多文化的历史而不是由一个民族所独占的历史。我们承认古希腊科学的巨大价值，但也要承认"言必称希腊"的局限性。

本书由王阳和陈巍合作完成，具体分工如下：

前言　王阳、陈巍

第一章　丝绸之路上的数学

　　第一节　勾股定理（毕达哥拉斯定理）的中西起源　王阳

　　第二节　思于无穷：古代东西方的无限观念　陈巍

第二章　丝绸之路上的天文学

　　第一节　二十八宿起源与古代中国天学传统　王阳

　　第二节　西域扎马鲁丁与元代天文学的发展　王阳

第三章　丝绸之路上的医学

　　第一节　外科手术传统在古代中国的形成　王阳

　　第二节　乳香之路：丝绸之路的另一种认知　王阳

第四章　丝绸之路上的物理学

　　第一节　古代东西方文明中的力学　陈巍

　　第二节　古代东西方的光学知识　陈巍

第一章　丝绸之路上的数学

第一节　勾股定理（毕达哥拉斯定理）
的中西起源

关于中西文化起源的问题，一直是中外学界持续争论的话题。在数学史领域，勾股定理是最早的数学证明，典型地体现了数学的证明精神。如下试图阐明，勾股定理的普遍性表述和证明带有明显的中西文化差异，应当看作各自独立起源。

一、定理发现的标准及其应用

定理发现的标准至少有三个层次。一是特例表述，二是普遍化表述，三是证明。与此对应的是，勾股定理发现的判定标准也至少有这三个层次。

第一，我们容易把"勾三股四径五"看作勾股定理的发现，这有违数学定理的命名原则，第一个层次的特例表述很难看作定理发现。大凡数学定理的命名都不是以具体的特例表达作为原则，比如，所有平面三角形的内角和都是 180 度，这是一条几何学定理。这一定理并不涉及具体的特例，无论某一个角是 170 度还是 160 度，都不影响到所有平面三角形的内角和都是 180 度的结论。换言之，勾股定理不应当只是（3，4，5）的具体数值，涉及具体数值的特例表述不应当命名为数学定理。

1952 年，前辈学者章元龙明确否定特例表述作为定理命名的标准，认为"在没有发现普遍性的假借和设定之前，在一个考据者的立场，万不可根据后来的知识，自己主观的认为既有特殊的假借和设定"，首先，"第一个重要的意义是'普遍性'"，而不是特例；其次，"第二重要意义是有'证明'"，完成定理的证明。①因此，中国最早的数学典籍《周髀算经》开篇中商高的"勾广三，股修四，径隅五"只是一个特例，它不是普遍化的表述，不可看作勾股定理的最早发现。

第二，按照最严格的，也是最狭义的定理发现标准，只有第三个层次——证明才被看作定理发现。按照这一标准，毕达哥拉斯学派的证明要比勾股定理的证明早四五个世纪，毕达哥拉斯学派晚期实现了定理的证明，"关于毕达哥拉斯派几何里有没有证明这一问题，最合理的结论是：在该学派存在的大部分时间里，他

① 章云龙，《关于商高或陈子定理的讨论》，《中国数学杂志》1952 年第 3 期，第 45—46 页。

们是根据一些特例来肯定所得的结果的。不过到了学派晚期即公元前 400 年左右，由于其他方面的发展，证明在数学中所处的地位改变了；所以学派晚期的成员可能作出了合法的证明"。[1] 商高和陈子都不符合命名定理的上述条件，三国时期的赵爽完成勾股定理的证明，比毕达哥拉斯学派要晚五个世纪。按照发现优先权的命名原则，勾股定理的提法是不存在的。科学只有第一，没有第二。值得注意的是，倾力于中国科学技术史研究的李约瑟（Joseph Needham）并没有采用勾股定理的称谓，而是使用"毕达哥拉斯定理"称谓，采用了"《周髀算经》中对毕达哥拉斯定理的证明"[2] 的提法，将《周髀算经》看作对毕达哥拉斯定理的证明。这或许暗示着，李约瑟相信毕达哥拉斯学派的证明早于赵爽的证明。

把证明作为数学定理的发现，这似乎有违常理。在我们的文化习惯中，更倾向于把普遍性表述看作发现的标准，而很少或者难以接受把证明作为定理发现的标准。这看起来似乎有一定的道理。比如，费马大定理是以定理的发现者命名，而不是以证明者命名。然而，证明作为数学定理的发现，是一个最狭义的标准，也是最强硬和坚决彻底的标准——证明体现着数学的本质，证明体现的

---

[1] 莫里斯·克莱因，《古今数学思想》，张理京、张锦炎译，上海科学技术出版社，1979 年，第 1 册，第 39 页。

[2] 李约瑟，《中华科学文明史》第 2 卷，上海交通大学科学史系译，上海人民出版社，2002 年，第 8 页。

是必然性的逻辑演绎过程，普遍性的表述有可能仅仅是经验的归纳。麦克莱伦第三（James E. McClellan Ⅲ）认为："有关这些发现的更为重要的方面是数学证明在显示那些发现的必然性上所起到的作用。运用演绎推理和证明，即便是最持怀疑态度的挑剔者也会被迫一步一步地同意，最后不得不承认'证讫'（'已如此证明过了'）。这种方法是数学、逻辑学和科学的历史上特别值得重视的发明。"[①]

　　西方数学史家高度重视演绎证明的价值，这似乎是违背我们习惯的做法，但这是古希腊人需要"真理"的表现，也是数学领域毕达哥拉斯定理证明最重要的思想史价值，毕达哥拉斯学派在演绎证明中完成了"了不起的一步"。数学史家克莱因（Morris Kline）认为："希腊人坚持要演绎证明，这也确是了不起的一步。在世界上的几百种文明里，有的的确也搞出了一种粗陋的算术和几何。但只有希腊人才想到要完全用演绎推理来证明结论。需要用演绎推理的这种决心是同人类在其他一切领域里的习惯做法完全违背的；它实际上几乎像件不合理的事，因为人类凭经验、归纳、类比和实验已经获得了那么多高度可靠的知识。但希腊人需要真理，并觉得只有用无容置疑的演绎推理法才能获得真理。他们又认识到要获得真理就必须从真理出发，并且要保证不把靠不住

① 詹姆斯·E. 麦克莱伦第三，哈罗德·多恩，《世界史上的科学技术》，王鸣阳译，上海科技教育出版社，2003 年，第 71 页。

的事实当作已知。因此他们把所有公理明确说出，并且在他们的著作中采取一开头就陈述公理做法，使之能马上进行批判考察。"[①]

第三，第二个层次的普遍性表述也被看作定理的发现，这是中国学者易于接受的数学定理命名原则，如前叙章云龙的理解，这也是西方学者可以接受的较为宽泛的数学定理命名原则。按照普遍性表述的命名标准，中西关于勾股定理的发现优先权是一个有争议的问题，其分歧在于到底是按照成书年代还是书中人物的年代作为标准。《周髀》卷上之二中，陈子在与荣方的对答中说，"若求邪（斜）至日者，以日下为勾，日高为股，勾股各自乘，并而开方除之，得邪至日"，这是勾股定理的普遍化形式。如果按照《周髀算经》的成书年代——汉代，迟于古希腊欧几里德（Euclid）的《几何原本》；如果按照《周髀算经》中的人物——陈子的年代，至迟为公元前七或六世纪，大约与古希腊毕达哥拉斯学派早期在同一个时代。按照成书年代还是书中人物的年代为标准，陈子到底是公元前七世纪真有其人还是后世所伪托，由于没有令人信服的历史考察，这是成疑的历史。

把普遍性表述作为数学定理的命名标准，随之带来另外一个问题，定理的普遍性表述一定早于定理的证明吗？伽利略相信，定理的发现早于证明，它构成证明的必要条件。"你可以相信，毕达哥拉斯远在他以百牛祭庆祝他发现一条几何证明之前，早就肯

[①] 莫里斯·克莱因，1979 年，第 1 册，第 194—195 页。

定直角三角形对直角一边（斜边）的平方等于另外两边的平方之和了。结论肯定后，在发现它的证明上是帮助不小的——这里总是指经验科学。"[1] 先有证实，后有证明。定理的发现早于证明，这似乎具有逻辑必然性。"所以如此，是因为当结论是真实时，人们就可以使用分析方法探索出一些已经证实的命题，或者找到某种自明的公理；但如果结论是错误时，人们就可以永远探索下去而找不到任何已知的真理——即使不弄到碰壁或者碰上某种明显谬误的话。"[2]

此处的问题是，特例表述需要有证明吗？普遍性表述一定早于定理的证明，它暗含的假定是，特例表述仅仅只是经验的判断，只有普遍性表述才必须证明。然而，很多数学定理的特例表述绝非简单的经验判断，比如，如果勾股数高达万位，甚至更高，这就超越了简单的经验，特例表述很可能有相应的计算或合理理由的说明。

二、巴比伦数表是否意味着毕达哥拉斯定理的发现？

上述关于古代中国勾股定理与古希腊毕达哥拉斯定理的三个层次分析，已经展现出数学定理的复杂性。这只是限于以往材料的理解，如果我们充分重视两则新材料，一是巴比伦泥版 Plimpton

① 伽利略，《关于托勒密和哥白尼两大世界体系的对话》，上海人民出版社，1974 年，第 63 页。
② 伽利略，1974 年，第 63 页。

322 号的研究状况，二是曲安京等人关于周髀算经中商高与周公对话的新阐释，勾股定理的中西比较呈现出更为有趣的中西文化差异，以及关于数学本质的复杂理解。

第一则材料是美国哥伦比亚大学所藏的 Plimpton 322 号巴比伦泥版。在 20 世纪之前，西方学者相信，古希腊毕达哥拉斯学派是在埃及文明的基础上发展出证明的方法，而没有注意到巴比伦人已经取得了令人惊讶的数学成就。比如，数学史家克莱因谨慎地写道："我们也不知道埃及人是否认识到毕达哥拉斯定理。我们知道他们有拉绳人（测量员），但所传他们在绳上打结，把全长分成长度各为 3、4、5 的三段，然后用来形成直角三角形之说，则从未在任何文件上得证实。"[①] 丹皮尔（W. C. Dampier）认为："欧几里德几何学第一册的第四十七命题现在还称为毕达哥拉斯定理。画直角的'绳则'也许早已在埃及和印度凭经验发现了，但是，很可能到毕达哥拉斯，才第一次用演绎的方法证明直角三角形斜边的平方等于它两边平方之和。"[②]

1945 年，美国数学史家诺伊格鲍尔（Otto Neugebauer）细致考察了 Plimpton 322 号泥版，考证出巴比伦人在汉穆拉比时代（约前 1700）已经发现毕达哥拉斯数组，并且达到极高的程度，由

---

① 莫里斯·克莱因，1979 年，第 1 册，第 22 页。
② W. C. 丹皮尔，《科学史及其与哲学和宗教的关系》，李衍译，商务印书馆，1989 年，第 50—51 页。

此激发起关于毕达哥拉斯数组究竟是特例表述还是普遍性表述，到底是代数表述还是具有几何学意义的一系列新的问题。这块泥版有 15 行、4 列数字。巴比伦是六十进制，它可以换算为十进制；巴比伦是从右边向左边书写数表。

图 1-1　Plimpton 322 号泥版（哥伦比亚大学藏）

如下是笔者根据巴克（Creighton Buck）论文 [1] 换算而编制的数表：

序　号	B	C	(a，b)
1	119	169	12，5
2	3367	11521(4825)	64，27

[1] Creighton Buck, Sherlock Homes in Babylon, *American Mathematical Monthly*, Vol.87(1988).pp.335-345.

序　号	B	C	(a，b)
3	4601	6649	75,32
4	12709	18541	125,54
5	65	97	9,4
6	319	481	20,9
7	2291	3541	54,25
8	799	1249	32,15
9	541（481）	769	25,12
10	4961	8161	81,40
11	45	75	1,1/2=30
12	1679	2929	48,25
13	25921（161）	289	15,8
14	1771	3229	50,27
15	56	53（106）	9,5

诺伊格鲍尔发现：第3列数（C）与第2列数（B）的平方差都是平方数，如：$169^2-119^2=120^2$（第1行），最大的是$18541^2-12709^2=13500^2$（第4行）。泥版只有四处不满足这一规律，猜测是祭司抄写错误所致（表中括号内为错误数字，旁边添加了正确数字）。巴克认为，如果$C+B=2a^2$，$C-B=2b^2$，那么a和b的数值如数表最后一列所示。由此，$B=a^2-b^2$，$C=a^2+b^2$。令$D=2ab$，就形成了毕达哥拉斯数组，如下图所示。

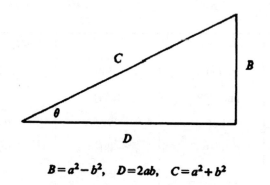

$$B = a^2 - b^2, \quad D = 2ab, \quad C = a^2 + b^2$$

如果以定理的普遍性表述作为定理发现的标准，巴比伦数表算不算毕达哥拉斯定理的发现呢？这里涉及两个问题，一是巴比伦数表是否暗含着普遍性的表述？二是巴比伦数表是否具有几何学意义？

关于第一个问题，上述巴比伦数表很有可能是用于帮助进行算学训练的泥版。高达万位的巴比伦数表已经不具有丈量土地等实用意义，它无法纯粹通过实践去测量达到。或许到百位的勾股数，甚至千位，都有可能依靠经验进行估算，高达万位的勾股数需要极其巨大的计算量，仅仅依靠日常经验的估算这几乎是难以达到的。

进一步的问题是，高达万位的勾股数是怎么计算出来的呢？有没有可能暗含着勾股定理的普遍性表述呢？笔者认为，高达万位的多个勾股数不可能偶然地计算出来，巴比伦人没有明确地阐明 $c^2 = a^2 + b^2$ 的普遍性表述，并不能够否定他们知道 $c^2 = a^2 + b^2$，清楚平方的概念，否则，这些无法借助直接测量的量是不可能计算出来的。

关于第二个问题，即便巴比伦数表暗含着巴比伦人掌握了
$c^2=a^2+b^2$ 的普遍性表述，这仅是一个代数数组，还是一个几何定
理？如果仅是一个代数数组，能否称之为毕达哥拉斯定理呢？麦金
农（Nick Mackinnon）使用了巴比伦时期的另外一块泥版（如下图
所示），表明了巴比伦借助几何技巧帮助实现数学求解。[1] 巴比伦
数组的意义很可能在于帮助设计或者求解与直角三角形有关的方
程或者代数问题。克莱因在巴比伦数表发现前就相信，埃及人和
巴比伦人只是把几何作为实用工具，"埃及人的几何是怎样的呢？
他们并不把算术和几何分开，草片文书中都有这两方面的问题。
埃及人也像巴比伦人那样，把几何看作实用工具。他们只是把算
术和代数用来解有关面积、体积及其他几何性质的问题"。[2]

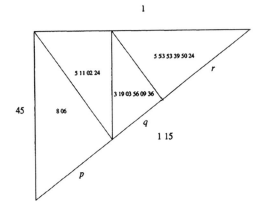

---

① Nick Mackinnon,Homage to Babylonia, *The Mathematical Gazette*,1992,p.171.
② 莫里斯·克莱因，1979 年，第 21 页。

巴比伦人没有明确表述巴比伦数表的几何意义，他们又确实利用了几何图形帮助理解巴比伦数表。在西方思想传统中，它实质是代数而不是几何。在笔者看来，毕达哥拉斯定理的表述未必应当以代数和几何的明确区分为标准，这只是表明数表的用途和目标，巴比伦人的上述几何图形暗含着毕达哥拉斯定理的表述。

概言之，巴比伦数表暗含着毕达哥拉斯定理的普遍性表述，其几何图形的运用暗含着毕达哥拉斯定理的几何意义。笔者倾向于认为巴比伦人已经掌握了关于毕达哥拉斯定理的基本观念。

三、《周髀算经》的重新解读

第二则新的阐释出自《周髀算经》第一章中的周公与商高的对话。具体如下：周公问："窃闻乎大夫善数也，请问古者包牺立周天历度。夫天不可阶而升，地不可得尺寸而度，请问数从安出？"商高答："数之法出于圆方，圆出于方，方出于矩，矩出于九九八十一，故折矩也以为勾广三，股修四，径隅五。既方之外，半其一矩，环而共盘。得成三、四、五，两矩共长二十有五，是谓积矩。故禹之所以治天下者，此数之所生也。"[①]

传统的认识主要集中在"勾广三，股修四，径隅五"的解读，当前的新研究集中于"既方之外，半其一矩，环而共盘。……是谓积矩"的解读。西北大学曲安京教授综合前辈学者——美国加

---

① 《周髀算经》，赵爽注，上海古籍出版社，1990年，第3—5页。

州大学圣地亚哥分校物理学家程贞一，中国台湾学者陈良佐，中国大陆西北大学学者李继闵——的意见后认为，商高已经给出了勾股定理的一般性证明。"既方其外，半其一矩，环而共盘。……是谓积矩"的证明过程可以分为如下四个步骤："从图 4 到图 6（参见下图），整个过程与勾股弦三边的具体设定数值是没有关系的。毫无疑问，这是勾股定理的一个严格的证明。而商高以勾三股四弦五为例，演示这个构造性证明的程序，正好符合中算家一贯采用的'寓理于算'的传统风格，所以说，商高给出的决不仅仅是一则勾股形的特例，事实上，商高已经成功地完成了对勾股定理的一般性证明。"[①]

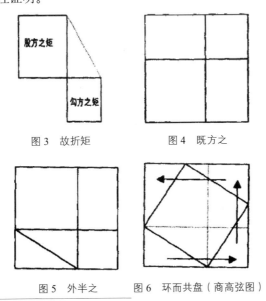

图 3　故折矩　　　　　　图 4　既方之

图 5　外半之　　图 6　环而共盘（商高弦图）

[①] 曲安京，《〈周髀算经〉新议》，陕西人民出版社，2002 年，第 35—36 页。

　　值得注意的是，上述商高的对话仅有勾股定理的特例表述，没有勾股定埋的普遍性表述，却有勾股定理的证明，它不符合伽利略所说的定理发现早于定理证明的观点。换言之，《周髀算经》中上述商高的对话既包括特例表述，又包括定理证明，却没有普遍性表述，是有违"常理"的。此常理应当说是当代的常理，它遵循着先有特例，其次有普遍性表述，然后证明的先后顺序。这是按照当代的观点，或者西方的观点理解中国古代的数学思想。

　　古代中国的数学未必在所有情况下都遵循着这一原则，它一直采用"寓理于算"的传统思路。上述的"理"（即当代所说的证明）只是给商高所说的"勾广三，股修四，径隅五"提供一个理由，这一个理由不是丈量土地之类的经验意义的证实，它是从学理上给出一个说明。当代的证明往往是针对普遍性的表述给出证明，古代中国的"理"，是大凡一事都应当有一个逻辑的说明。换言之，"勾广三，股修四，径隅五"不是依靠着丈量而出，它是依靠着上述逻辑推论和计算得出的必然性结论。这符合数学本质是证明的思路。

　　另外一个值得重视的问题是，上述商高关于定理的证明是通过计算而实现的，这是"寓理于算"思路的明显体现（此后三国时期赵爽的证明也是"寓理于算"的类似思路）。

$勾^2+股^2+2×勾×股$（两个长方形面积）=正方形面积

$径^2+2×勾×股$（四个三角形面积）=正方形面积

→勾 ^{2}＋股 ^{2}＝径 ^{2}

与此对照的是，古希腊人的证明不是通过计算得到，他们是通过面积替换的纯粹几何方法（与计算无关）而得到。如下是欧几里德《几何原本》中的证明步骤：①

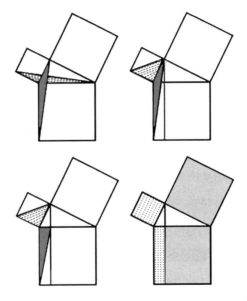

古代中国和古希腊究竟是关于勾股定理的不同证明思路，还是否定另外一种文明的证明思路呢？亚里士多德（Aristotle）在《后分析》第一卷第七章中强调，论证事物不能超越其类的事物作为出发点。"属于几何学的问题，不能用算术来证明。""从一个种

① 欧几里德，《几何原本》，陕西科学技术出版社，2003 年，第 41—42 页。

跨到另一个种不可能证明一个事实，例如通过算术证明几何命题。证明有三个因素：(1) 有待于证明的结论（它是就自身而归属于某个种的属性）；(2) 公理（公理是证明的基础）；(3) 载体性的种及其规定即依据自身的属性由证明揭示。如果种互不相同，如算术和几何，即使证明的基础是同一的，算术的证明也不可能适用于量值的属性，除非量值是数目。"① 如果亚里士多德的观点是正确的，那么中国"寓理于算"的思路本质上不可能完成勾股定理的证明，这实际上取消和否定了整个古代中国的数学传统。不仅《周髀算经》，而且其后三国时期的赵爽，乃至于中国"形数合一"，阻碍了几何原理的证明。这有违古代中国的事实。

算数与几何证明是无关的，这是古希腊的数学证明传统。毕达哥拉斯定理的证明是一个明证，这也是人类思想史领域的重要发展。能够运用几何方法证明代数的结论是一个重要的进展。能够纯粹用几何方法证明几何结论，也是古希腊人对人类数学的贡献。英国哲学家罗素（William Russell）认为："这就使得希腊的数学家们坚信，几何学的成立必定是独立的而与算学无关。柏拉图（Plato）对话录中有几节可以证明，在他那时候已经有人独立地处理几何学了；几何学完成于欧里德。欧几里德在第二编中从几何上证明了许多我们会自然而然用代数来证明的东西，例如 $(a+b)^2=a^2+2ab+b^2$。"②

---

① 苗力田主编，《亚里士多德全集》第 1 卷，中国人民大学出版社，1990 年，第 262 页。

② 罗素，《西方哲学史》，商务印书馆，1981 年，第 63 页。

承认古希腊的几何与代数分离传统的价值，不应当以否定古代中国数学传统为代价。吴文俊先生认为："与希腊欧几里德几何的形数割裂者恰恰相反，我国在数学发展过程中自始至终是把空间形式与数量关系融合在一起的，因而数系统的建立与臻于完备，以及代数学的发生发展，也始终与几何学的发展贯穿在一起。到宋元之世天元——也即未知数概念的明确引入，代数式与其代数运算的阐明，以及几何代数化方法的逐渐成熟，更为解析几何的创立开辟了道路。"[①] 中国的勾股定理证明不是按照古希腊数学的方式发展，它是按照数形统一的方式进行证明，几何学与算学是联系在一起的。商高的证明如此，赵爽的证明也是如此。

如果承认吴文俊先生的看法是对的，如果承认古代中国数学传统的合理性，那么亚里士多德"算术不可能完成几何证明"的观点也有可能是错误的。亚里士多德错误的原因是，他可以断言自己文明的合理性，强调几何学与代数学分离的重要性，以及纯粹几何学证明的合理性。但是他不能断言其他文明的多元可能性。从逻辑上讲，断言"不可能"，断言"无"，是极其困难的。亚里士多德断言几何命题不可能通过算学证明，这背离了古代中国的具体事实。笔者同意吴先生的判断，应当从古代中国的具体事实出发去理解。古希腊的贡献是重要的，但不是唯一的，甚至也不

---

① 吴文俊，《我国古代测望之学重差理论评介——兼评数学史研究中某些方法问题》，载《吴文俊论数学机械化》，山东教育出版社，1996年，第113页。

是唯一的标准。从中国的观点和立场出发，有助于反思古希腊的若干重要观点，甚至能够修正亚里士多德的局部错误，从而发展出一种更为全面、更具有全球性的理解。这是古代中西交流和古代中西比较的重要价值。

站在中国的立场上，我们并没有否定古希腊的价值，而是同时承认多种文化、不同思想传统的价值。这一点是重要的，我们认可古希腊几何学与算学分离的意义，只是我们也同时承认几何学与算学的结合，即"寓理于算"的重要性。

四、最后的结论

笔者认为古巴比伦人已经掌握了毕达哥拉斯定理的普遍性表述，只是他们没有明确地表述出来。笔者认为曲安京的观点是合理的，即中国最早的数学著作《周髀算经》中商高的对话已经具有勾股定理的证明，其时间是公元前7世纪，早于毕达哥拉斯学派晚期在公元前4世纪的证明。

上述中西关于勾股定理的发现如果停留于优先权的争论没有实质性意义，因为中西方的证明思路完全不同，各自的数学具有独立起源和不同的数学传统。比较发现时间的意义，更多体现在帮助理解人类整体文化的发展上，如《九章算术》与《几何原本》差不多在同一时期出现，更早一些，古希腊与春秋战国两大文化高潮也几乎在同一时期涌现。如果是东西文化独立发现，无论时间早一些或者晚一些，都属于原始性创新，体现出各自的不同文化特质：古代中国形成形数统一的传统，埃及人也没有把算术与几何分开；古希腊则是算术与几何证明分离的传统。在古希腊罗马世界，希腊与埃及、巴比伦的近东世界有着充分的交流，先有巴比伦数组，后有毕达哥拉斯定理的证明，古希腊的证明是在埃及和巴比伦基础上的推进。时至今日，仍然有西方数学家坚持认为，严格的数学证明在计算情况下没有意义。海明认为："数学的研究对象，以及其规范等等，常常并不适应于计算，不适应于数学的各种应用。……计算过程是最基本的，而严格的数学证明在计算情况下常常是无意义的。"①

　　古希腊与中国各自不同的证明思路，在一定程度上佐证了各自的独立发现。古希腊与中国存在着山脉、海洋、沙漠这些天然的地理阻隔。现在很难有确定的证据，显示古希腊或者埃及、巴比伦与中国的数学交流（中国与古巴比伦的天文学交流一直都是争论的问题）。但是一个明显的事实是，中国表现出与古希腊不同的证明思路。古代中国的"寓理于算"也是一种值得重视的数学思路，"算"术是重要的，算是具体的，普遍性表述不是证明的必要条件。"算"术不是简单的计算，或是仅仅依靠经验得以证实，它也需要学理的说明，需要必然性的逻辑推导。这是关于具体之"算"的"理"，也是"寓理于算"的思路。普遍性表述和证明的更重要的价值，

---

① 卡普尔（J. N. Kapur），《数学家谈数学本质》，王庆人译，北京大学出版社，1989年，第1页。

不是它的独立存在，而是为"算"提供说明和论证。

古代中国的数学传统是以"算"学为中心，普遍性表述和证明都是为了"算"而服务的，"算"的重要性高于普遍性表述和证明。如果我们过高地理解普遍性表述和证明的价值，难免会用今天的眼光去理解古代的历史。科学史家林德伯格（David C. Lindberg）认为："如果科学史家只把过去那些与现代科学相仿的实践活动和信念作为他们的研究对象，结果将是历史的歪曲。这一歪曲之所以在所难免，因为科学的内容、形式、方法和作用都已发生了变化。这样，历史学家面对的就不是一个过去实存的历史，而是透过不完全相符的网格去看历史。如果我们希望公正地从事历史研究这一事业，就必须把历史真实本身作为我们研究的对象。这就意味着我们必须抵抗诱惑，不在历史上为现代科学搜寻榜样或先兆。我们必须尊重先辈们研究自然的方式，承认这种方式尽管与现代方法相去甚远，却仍是重要的，因为它是我们现代人理智生活的先驱。这才是理解我们现在之所以是这个样子的惟一合理途径。"[①]

---

① 戴维·林德伯格，《西方科学的起源》，中国对外翻译出版公司，2001年，第3页。

第二节　思于无穷：
古代东西方的无限观念

无限既是数学概念，又是哲学概念。自古以来它吸引着无数智者（当然，还包括愚人）的目光。它在数学上也是一个永恒的主题，以古希腊数学、欧洲近代数学直迄现代数学为主线索的数学史上的三次危机，都因对无穷的认识困惑而发生，而每次危机的克服都带来数学上的更大发展。无限不仅是数学研究的对象，对这一概念的认识还反映了人们在理性思维中处理复杂矛盾的能力。甚至，对无限认识的程度可以作为思维高度的标尺之一。在现代数学中，对无限的处理主要被划分到数学分析领域，但数学分析是 17 世纪之后方才兴起的。而古代数学中涉及无限观念的种种研究对象，跨越现代意义上的算术、代数学和数学分析等各数学分支。本节希望以简短的篇幅，以东西方跨文明比较的方式，概述与无限有关的诸多问题。

一、东西方最早的无穷观念

数学意义上的无穷观念，是数学思想摆脱了纯粹应用而走向思辨道路后产生的。以时间顺序而言，对它的争论最早出现于古希腊。总体上说，古希腊人对无穷缺乏好感。阿那克西曼德（Anaximander）使用术语 *apeiron* 来表示自然世界之前的混沌世界，或者说缺少形式和差异的某种虚空。古希腊人不喜欢这种虚空，很多自然哲学家为如何认识无限所困扰，它究竟指的是物体的数量，还是组成物体的元素种类，抑或元素组合的形式？对此大家众说纷纭，莫衷一是。公元前4世纪亚里士多德对无限进行论述后，它在古希腊数学中逐渐获得稳定的意义。

毕达哥拉斯（Pythagoras）及其弟子们认同无限是实际存在的，但有限（peras）不断征服着无限，正如整数通过反复加1而持续增加。而以1个点出发向外扩张的阵列，其形状永远是一致的，去掉这个出发点后，其阵列则总是变换，但其长宽仍可转化为正整数之比。通过这种"数的可公度性"（commensurability），该学派企图对无限加以限制。这一信念最终被无理数的发现所粉碎，因为通过反证法，可以证明正方形对角线和其边长不符合前述性质。与之相对应的，以德谟克利特（Democritus）为代表的"原子论"哲学认为事物不是无限可分的，分割的尽头是被称为"原子"的物质微粒。但原子的组合方式无限，组成了无限数量的事物。①

公元前5世纪的爱利亚学派哲人芝诺（Zeno of Elea），提出了几个著名的悖论，他的本意是捍卫其老师巴门尼德（Parmenides）的"存在是一"的哲学思想，然而同时也破除了毕达哥拉斯学派对秩序的拘泥。其中最有名的一个悖论是：神话中善跑的英雄阿喀

---

① D. Wallace,*Everything and More: A Compact History of Infinity*,New York:W. W. Norton & Company,Inc.,2003,p.44.

琉斯（Achilles）永远不可能追上乌龟，因为乌龟可以在任意时刻制造一个起点，阿喀琉斯追到该起点时，乌龟已从这个起点走出一段距离，到达下一个起点。这样不论距离有多小，只要乌龟一直往前爬，阿喀琉斯就永远困于追逐下一个起点，永远追不上已经离开这个起点的乌龟。在悖论中，芝诺挑战了之前被奉为圭臬的可公度量——这个量仍然可以无限地划分下去。芝诺悖论和无理数一道构成了摧毁毕达哥拉斯体系的第一次数学危机。①

亚里士多德认为，芝诺在悖论中混淆了事物分割的实体无限，以及大小两个方向延伸或分割的潜在无限。有限的时间固然不能穿越无穷延伸的距离，却可以越过有限量度，让距离被无穷分割成尤数个点而到达终点，而这有限的时间也同样可以被无穷分割。具体到数学意义上，亚里士多德解释说，当追赶者与被追者之间的距离越来越小时，追赶所需的时间也越来越小，无穷个越来越小的数加起来的和是有限的，所以可以在有限的时间内追上。亚里士多德承认并规范了无穷的范畴，是哲学家对芝诺悖论的最早回应，但他在数学上的解答却不准确，我们很容易就他的猜想"无穷个越来越小的数之和为有限"找出反例。例如调和级数 $1+1/2+1/3+1/4+\cdots$ 的每一项都递减，可是它们的和却是发散的。直到公元前 3 世纪，阿基米德（Archimedes）才明确给出"阿喀琉

---

① C. Boyer, *The History of the Calcululs and Its Conceptual Development*, New York: Dover Publications,Inc.,1959,pp.23-25.

斯与乌龟"悖论中所涉及之几何级数的计算方法，他计算出无穷数列 $1+\frac{1}{4}+(\frac{1}{4})^2+\cdots+(\frac{1}{4})^{n-1}$ 之和为 $\frac{1-(\frac{1}{4})^n}{1-\frac{1}{4}}$，当 n 趋于无穷人时，结果等于 4/3。由此，阿基米德从数学角度给出了解决芝诺悖论的途径。[①]

可以与古希腊作为比较的是中国先秦时期诸子思想中的无穷观念。《庄子》记载惠施说："至大无外，谓之大一；至小无内，谓之小一"，认为"至大"没有外边界，而"至小"没有内边界，这是空间无限大和无穷小的明确叙述。对无穷观念表述更加淋漓尽致的是《墨经》，该书对诸多概念进行了明确定义，其中就包括"穷，或有前不容尺也"，"穷，或不容尺，有穷；莫不容尺，无穷也"这样的命题，即如果用尺来丈量的话，若前方已不够一尺，则这里就是"有穷"，但如若无论量至何处，前面总还有一尺的余量，这就是"无穷"。由此可以判定空间在各个方向上有限或无限的性质。另一方面，除了大到无限的思想，墨家还提出"端"、"始"等概念，反映了无穷小的时空观。它们都是一个存在物，可以由连续不断的分割得到，其量度为零，并且具有可积性。[②] 其中，"端"的含义是将一个长条状的东西每次割去一半，最后达到不能再分割成半的时候，便得到"端"，这与德谟克利特的原子论

---

① T. Heath, *The Works of Archimedes*, Cambridge: Cambridge University Press,2010,pp.250-251.

② 邹大海,《中国数学的兴起与先秦数学》，河北科学技术出版社，2001 年，第 179—193 页。

有相似之处。总体来看，墨家对无限的认识与古希腊的实体无限有相近之处。与"端"相对的是墨家的辩论对手——名家的观点："一尺之棰，日取其半，万世不竭。"墨家的"端"更像是从经验抽象得出，似乎没有考虑分割次数（过程）的无限，而名家论辩的重点则是过程的无限导致结果的无穷小。他们的命题仅留下观点，缺乏详细论证，今天看来是无从也无需辩驳的。[①]

　　墨家在战国时期曾显赫一时，但汉代之后渐不为人所知。对中国后世数学思想影响更大的是道家对无穷的论说。在老庄哲学中，无限和有限之间存在着清晰的界限。积微当然可以成著，但形成的"合抱之木"、"九层之台"及"千里之行"等都是显著有限可量的事物。对于"不见水端"、"不可为量数"的北海，就无法以有限的"万川"、"尾闾"等体积在"不知何时止"这有限时间内充填或排空。"无形者，数之所不能分也；不可围者，数之所不能穷也"，也就是说，任何有限个有限量之和都不能达到无限量，无限和有限之间存在鸿沟。道家对无限量进行阐述的目的，在于说明"道"所兼有的无穷大和无穷小特性："道近乎无内，远乎无外"，"道"可生"一"，这里的"一"当然不是指数量上的1，而是象征由道所生而万物所由生的东西。在某些方面，老子哲学将无限和世界本原相联系，与古希腊巴门尼德的后学们由"存在是一"推演出可使无限容身的悖论，是一个值得进行比较的有趣话题。

---

① 邹大海，2001 年，第 307—315 页。

随着道论被知识阶层广泛接受，"一"逐渐与万物根源"太一"或"道"混同起来。魏晋时期，老庄哲学的注释家又逐渐把数字的概念掺入"一"，如王弼就说"一，数之始而物之极也"，这对中国古代大数学家刘徽"一者数之母"观念的提出产生了重要影响。[①]

无限思想的另一源头是印度耆那教。印度数学的一个特点是对大数记数法的偏爱，这些大数被用来度量时间和空间。在吠陀时代就发展出高至 10^{12} 的数位名称（称为 *parārdha*）。而在佛教典籍《方广大庄严经》中，数位达到 10^{53}（称为怛罗络叉 *tallakṣaṇa*），此外还有表示 10^{140} 的阿僧祇（*asankhyeya*）等。这些大数量的引入导致耆那教思想中逐渐形成无限的数字体系。在成书于公元前4—前3世纪的耆那教《波罗聂提经》（*Surya Prajnapti*）中，把数字分为三类："可计的"（*saṃkhyeya*）、"不可计的"（*asaṃkhyeya*）以及"无限的"（*ananta*）。每一类又再序分为三类，"不可计的"和"无限的"的次一类之下再各序分为三类，因此共计21类。其中可计的数字有"最低的"（只有2）、"中等的"（从3到 *a*–2）和最高的（*a*–1），其中 *a* 对应于现代数学中的能够与自然数集合一一对应的可数集 $\aleph_0$，它可以表示任意包含无限（即"不可计的"）元素的有理数集合。[②] 随后"不可计的"中最低的"接近不

---

① 邹大海，2001年，第188—198页。

② $\aleph_0$ 是现代集合论的概念，读作阿列夫零，指可数集，即自然数集的"势"。在集合论中，自然数集是最基础的无限集合，而与自然数能够一一对应的集合，如整数集、奇数集、分数集等，和自然数集的势（转下页）

可计的"就包含从 a, $a+1$ 直到 $b-1$（$b=a^a$），由此我们可以列出如下耆那教所设想的数字分类：[①]

计数	可计的	最低的：2	
		中等的：3,4, …, a−2	
		最高的：a−1（$a=\aleph_0$）	
	不可计的	接近不可计的	最低的：a
			中等的：a+1, a+2, …, b−2
			最高的：b−1
		真正不可计的	最低的：b（$=a^a$）
			中等的：b+1, b+2, …, c−2
			最高的：$c-1$（$=(b+1)^{2^{(b+1)^2}}-1$）
		计无可计的	最低的：c（$=(b^2)^{b^2}$）
			中等的：c+1, c+2, …, d−2
			最高的：d−1
	无限的	接近无限的	最低的：d（$=c^c$）
			中等的：d+1, d+2, …, e−2
			最高的：e−1
		真正无限的	最低的：e（$=d^d$）
			中等的：e+1,e+2, …, f−2
			最高的：f−1

（接上页）相同，均为 0。而实数除有理数外，还包括无理数，不能与自然数一一对应，在集合论中被记为 1。

[①] H. Selin,ed.,*Encyclopaedia of the History of Science,Technology,and Medicine in Non-Western Cultures*,New York:Springer-Verlag,2008,p.1764.

续表

		无穷无限的	最低的：$f\ (=(e^2)^{e^{?}})$
			中等的：$f+1, f+2, \cdots$
			最高的：不存在

对于这些令人眼花缭乱到惊叹地步的计数方法，耆那教有可能曾经发展出一套记数符号系统，因为在其经典中曾经用 *ankalipi* 和 *gaṇitalipi* 两个词来表示不同计数的书写，这两个词有可能一个表示镌刻，而另一个表示常规书写。另外，耆那教计数体系中各类别的分野，又很容易让人联想到古希腊大数学家阿基米德在《算沙者》（*The Sand Reckoner*），以及阿波罗尼乌斯（Apollonius of Perga）关于不同级别数位的换算论述。耆那教计数体系与古希腊数学各有其文化背景，它们之间是否存在相互影响的关系引起不少学者兴趣，但目前尚无定论。[①]

二、开方术与无理数的最早提出

无理数与无限观念关系密切。首先，无理数本身就是无限不循环小数，对于古人来说，它无法化约为人们熟知的可公度量之比。这使得无理数经历了一个曲折的过程方才为西方文明所正视和研究。已知正方形面积求边长的实际运算中遇到的对不完全平

---

① D. Bose, S. Sen, B. Subbarayappa, ed., *A Concise History of Science in India*, New Delhi: Indian National Science Academy, 1971, p.159.

方数开平方运算，有可能是人们与无理数的最早接触。

在一些古文明中，位值制记数法很早就出现，这使得在这些文明中开方术的发展相对容易。所谓位值制记数法，就是每个数码所表示的数值，不仅取决于这个数码本身，还要看它所处的数位。例如现代通用的阿拉伯数字记数法属于十进位制值，即只需要 10 个数码就可代表一切数值。

位值制最早出现于在亚述—古巴比伦文明之中。[①] 大约公元前 2350 年，这里的人们用Y表示 1，重复该刻画来表示 2—9，这些数字可用于任何数位，此外设置《表示 10，Y表示 100，《Y表示 1000 等。学习者因此只需记住表示 1、10、100、1000 的符号。公元前 1800 年前后，古巴比伦人进一步去除了表示百、千、万的符号，只保留了Y和《两个符号，通过两种符号的叠加，来表示任意较大数字。[②] 如 48 记为《田。两河文明通行六十进位制，该符号既可表示 48，也可表示为 48×60，还可表示为 $48 \times 60 \times 60$，具体数值取决于这个符号所处的数位。再如Y《，其中表示 1 的符号Y位于表示 40 的符号《之前，则Y实际上表示的是 1×60，整个数字是 $1 \times 60+40=100$。更复杂的《田Y《田则表示 $36 \times 60 \times 60+3 \times 60+48=129828$。既然数位能够以便利的方式无限

① I. Grattan-Guinness,*Companion Encyclopedia of the History and Philosophy of the Mathematical Sciences*,London and New York:Routledge,1994,p.23.

② G. Ifrah,*The Universal History of Computing:from the Abacus to the Quantum Computer*,New York:John Wiley & Sons,Inc.,2001,p.53.

制增加，那么无休止地把开方运算进行下去在形式上也就不再困难，唯一需要的就是可行的重复运算的程序。

古巴比伦人很可能于将近四千年前就发现了$\sqrt{2}$的计算程序。在一块年代为公元前 1800—前 1600 年之间的泥版上，画着正方形及其对角线，图形中央用六十进制的方式显示$\sqrt{2}$=1;24,51,10，这有可能是截取了分数 577/408=1;24,51,10,35... 的前三位六十进小数，这个分数可能是通过以下逐渐逼近取近似值的方法获得的，即找到一系列自然数 m、n，使得 $m^2=2n^2-1$ 或 $m^2=2n^2+1$，这样 $(\frac{m}{n})^2$ 就等于 $2+\frac{1}{n^2}$ 或 $2-\frac{1}{n^2}$，如果 m、n 足够大，则 $\frac{m}{n}$ 就趋近于$\sqrt{2}$。巴比伦人取 m=577，n=408，使$\sqrt{2}$的近似值达到了很高精度。[1] 显然，只要计算者乐意，就能找到更大的 m 和 n，从而得出更精确的$\sqrt{2}$的近似值。

中国古代的算筹记数法是最早的成熟的十进位值制记数法，其相邻数位纵横交错的布筹变化形式显然源于甲骨文数字中个位

---

[1] D. Flannery,*The Square Root of 2:A Dialogue Concerning a Number and a Sequence*,New York:Springer,2006,pp.32-33. 有学者还提出其他可能的算法，如对于要求平方根的数字 x，设 $x=(a+c)^2=a^2+e$，则 $2ac+c^2=e$，对于数字足够小的 c，c^2 趋近于 0，则 $c=e/2a$，这样逐步推算 a、e 和 c 的值，就可得出趋于精确的近似值。如对于 2，设 a_0=1，则 e_0=1，c_0=0.5，将结果代入原式 a_1=1.5，e_1=-0.25，$c_1 \approx$ -0.0833，算出 a_2=1.41667，e_2=-0.00695，c_2=-0.00246，这样仅需 3 次运算就能得出 1.41421。见 G. Joseph,*The Crest of the Peacock:Non-European Roots of Mathematics*,Princeton:Princeton University Press,2011,p.146.

图1-2 巴比伦泥版

数和十位数的纵横变化。[①] 到春秋时期，算筹记数法的使用已经非常普遍。中国古代的开方术最早出现在《周髀算经》中陈子用勾股定理求"邪至日"的距离，但没有给出开方程序。开方程序的出现与方程术联系紧密。成书于西汉的《九章算术》"少广章"中提出了完整的开平方、开立方程序。在形式上"作四行布算"，第一行是作为运算结果的"议得"，第二行是被开方数，第三行是"法"，除第1次运算为1外，其余皆为2（"定法"），最后一行是从被开方数每隔1位数移1次，作为标记的"借算"。对于带分数，先经通分化为假分数。例如要求 $564752\frac{1}{4}$ 的平方根，先将其数化为2259009/4，以2259009为被开方数，进行布算。通过借算

① 邹大海，2001年，第70—71页。

知结果为 4 位数字（设为 $\overline{abcd}$），先议得其千位 $a=1$，以其除实的百万位 2，得 1 并余 1；重新借算到万位，实为 125，议得白位 b 实际上是方程 $(2\times10a+x)\cdot x=125$ 的正数解（其中 $a=1$，2 为法）的整数部分，解得 b 为 5，除实后余数为 0；再借算到百位，实为 90，议得十位 c 是 $(2\times150+x)\cdot x=90$ 的正数解的整数部分，解得 $c=0$，除实后余数为 90；借算到个位，实为 9009，议得个位 d 是 $(2\times1500+x)\cdot x=9009$ 的正数解的整数部分，解得 $d=3$，除实正好除尽，则 2259009 的平方根为 1503，再除以分母 2，得最后结果为 1503/2。对于"开之不尽"，即根为无理数的情况，《九章算术》称其为"不可开，当以面命之"，即以其根命名为一个分数。"开立方术"的表述与之相仿，只是布算需要五行，而议得的过程改为寻找三次方程的解的整数部分。[①] 很显然，中国古代的开方术具有鲜明的特色。

在缺乏位值制的其他文明中，计算平方根大多依赖于非程序化的近似公式。例如在古印度绳法经（*Śulba-sūtra*，约公元前 5 世纪）里记载的计算平方根的公式：对于所求数字 A，其最近的完全平方数为 a^2，令 $r=A-a^2$，则 $\sqrt{A}=\sqrt{a^2+r}\approx a+\dfrac{r}{2a}-\dfrac{(\frac{r}{2a})^2}{2(a+\frac{r}{2a})}$。例如要求 55 的平方根，代入公式得 $\sqrt{55}=\sqrt{7^2+6}\approx 7+\dfrac{6}{14}-\dfrac{(\frac{6}{14})^2}{2(7+\frac{6}{14})}\approx 7.41621$ （精

---

① 郭书春主编，《中国科学技术史·数学卷》，科学出版社，2010 年，第 145—151 页。

确到小数点后五位）。[①] 这个求根公式的优点是能够较方便地计算出任意数字平方根的近似值，但它不是程序化的，因而无法无穷无尽地逼近精确值，而且在 r 值较大的情况下，计算结果误差较大。

有近似公式总比没有强。古希腊人起初认为按照可公度性，任意数字都应当能够相互以整数的比例的形式表示出来。但公元前 5 世纪时，毕达哥拉斯学派发现，大多数正整数的平方根都无法完美地以比例来表示。这使得他们引以为豪但同时需要开方运算的勾股定理黯然失色，因此毕达哥拉斯学派愤怒地处死了发现这一秘密的门徒，并将这个缺陷秘而不宣。然而无理数的存在很快就由泰阿泰德（Theaetetus）给出严格证明。尽管无理数的神秘性渐趋消失，但古希腊人仍然拒绝承认这种无法表达为两个整数之比的无理数为真正的数字。以 $\sqrt{2}$ 为代表的无理数使古希腊人不知所措，原本被认为已经完美的数字体系在分数之外，显然出现了大量空隙，这与极限思想（"芝诺悖论"）共同构成了"第一次数学危机"。危机造成的影响扭转了古希腊数学发展的道路。代数学研究在古希腊长期陷于停滞，直到公元 3 世纪才由受巴比伦数学影响甚深的丢番图（Diophantus）重新予以系统化。同时，开平方在几何上又具有不容忽略的实际意义，欧多克索斯（Eudoxus）以降的以埃及亚历山大里亚城为学术中心的古希腊学者，只能

---

① G. Joseph,2011,p.365.

一边修补既往算术理论的漏洞，一边探索几何学公理化的道路。对于求平方根，直到几百年后，亚历山大里亚的希罗（Hero of Alexandria）才给出了一个粗略计算平方根的公式：$\sqrt{A} \approx (a+A/a)/2$，其中 a 是距离 A 最近的完全平方数的正平方根。[①]

三、圆周率、圆的面积和球的体积

尽管在理论上，古典时代的学者们受困于逾越既往认识的无限概念，但他们仍然精彩地把无限思想付诸数学实践。其中一个重要的方面就是计算与圆相关的问题，包括求圆的面积、球的体积以及圆周率。

在古希腊之前，人们计算圆面积的方法多来自经验性的丈量。而古希腊人则试图用数学方法将其彻底解决。公元前 5 世纪中叶，希波克拉底（Hippocrates，不是同名医学家）证明出两圆相交后圆弧围成的弓形面积，等于小圆直径与大圆半径围成的三角形面积。由于弓形是全部由曲线构成的图形，这就为计算圆面积带来了希望。希波克拉底还证明了圆盘的面积与以其直径为周长的方形面积成比例（即 $\pi/4$）。[②] 希皮亚斯（Hippias）运用割圆曲线化圆为方，进而求出圆面积，问题在于这只是从几何上得出等面

[①] G. Joseph,2011,p.365.

[②] M. Postnikov,The Problem of Squarable Lunes,*American Mathematical Monthly*,107(2000):645-651.

积，而不是精确的数字结果，它没有解决圆周率的问题。[1] 同时代的安提丰（Antiphon）和布赖森（Bryson）则最早提出用穷竭法来计算圆面积的思路。他们认为把正六边形的边数不断倍增，最后这个正多边形就会变成圆形。布赖森还构想计算圆的外切多边形和内接多边形的面积，圆的面积就介于二者之间。但他们的设想并没有发展到实际计算阶段。不久，欧多克索斯利用穷竭法，证明了"圆的周长与其半径之比为常数"，他设 r 与 r' 为两个不同正数，分别以它们为半径，作圆 O 和 O'，在两个圆内各作内接正 n 边形，其周长分别为 C_n 和 C_n'。由于这两个正 n 边形为相似形，所以 $\frac{C_n}{r} = \frac{C_n'}{r'}$。当 n 变大时，C_n 和 C_n' 趋近于圆的周长，使得 $\frac{圆O周长}{r} = \frac{圆O'周长}{r}$，这个固定比值就是圆周率的 2 倍。[2] 以上这些学者的工作为阿基米德的割圆术作好了准备。

　　阿基米德最早在穷竭思想的基础上发展出割圆算法，只要无限次地把圆细割，就能求得不断缩小的圆周率取值区间，这样就把经验性的丈量转化为纯粹的程序化计算。他先分割圆的切线，这样 π 大于圆外切多边形边长与直径的比值 a。再以圆内接多边形，于是 π 小于其边长与直径之比 b。当计算到 96 边形时，阿基米德得到 $\frac{223}{71} < \pi < \frac{22}{7}$。[3] 利用类似手段，阿基米德继续用归谬法证

---

[1] T. Heath, *History of Greek Mathematics*, Oxford: The Clarendon Press, 1921, pp.220-230.

[2] T. Heath, 1921, pp.220-235.

[3] T. Heath, 2010, pp.94-98.

明了球的表面积为其大圆面积的 4 倍,以及球的体积是以其大圆为底、直径为高的圆柱体的 2/3。[1] 使用归谬法,意味着其过程就是证明"既不能大于,也不能小于,而只能等于"。从 1906 年发现的阿基米德《方法论》中,可以知道为了得出诸如 2/3 这样的数字,阿基米德还结合了他所熟悉的杠杆原理,以及先将体积切成极薄的"薄片"后运用积分思想进行累加计算的方法。阿基米德通过计算球体积,在整个古代数学史上树立起一座高峰。[2]

天才的先进思想有时也难以摆脱传统的束缚,从而显现出保守的一面。阿基米德的割圆术也体现了这一点。尽管他在计算中应用了无穷,但却小心地避免直接提到任何有关无穷或极限的字眼。[3] 事实上,欧洲数学家直到 17 世纪才普遍接受无穷的观念。与之相比,中国三国时代刘徽的割圆术就后来居上,在无穷方面走得更远。

刘徽认为"圆出于方",以周长的一半为从,半径为广,"广从相乘为积步也",即圆面积 $S=C/2 \times r$(C 为周长,r 为半径)。其证明主要分四步。首先,他提出圆内接正六边形边长与半径相等,这样求得圆周率约等于 3。接下来以圆内接六边形为起点开始割圆,

[1] T. Heath,2010,pp.39-44.

[2] S. Gould,The Method of Archimedes,*The American Mathematical Monthly*, 62(1955):473-476.

[3] E. Maor,*To Infinity and Beyond:A Cultural History of the Infinite*, Princeton: Princeton University Press,1991,p.12.

依次得到圆内接正 12 边形和正 24 边形，"割之弥细，所失弥少"，即圆面积与正多边形面积之差越小，最终"割之又割，以至于不可割，则与圆周合体而无所失矣"。接下来，刘徽指出，圆与内接正多边形之间，还形成高为微小的"余径"，底为正多边形边长的弓形，当割圆到极限后，正多边形与圆重合，"则表无余径"，这时正多边形每一条边到圆心距离就等于半径 r。最后，刘徽对与圆周重合的正多边形"每辄自倍"，无穷分割，分成无穷多个小等腰三角形，每个小三角形面积等于正多边形（边数为 n）边长 l_n 的一半乘以高 r，圆面积就是这些小三角形面积之和，即 $S=n \cdot l_n/2 \cdot r$，这些小三角形底边合起来就是圆周长 C，那么就证得圆面积 $S=C/2 \cdot r$。

　　刘徽的割圆术是明确的求极限过程，他把圆定义成边数为无限的正多边形，其每条边实际上退化为点，组成的小等腰三角形实际化为长为 r 的直线形。无限小的直线形相当于面积元素或微分，求其和相当于求这些面积元素的积分。刘徽的思想从而架起通向微积分学的桥梁。而且他只用圆内接正多边形，比古希腊人同时计算圆内接和外切正多边形更为简捷。[1]

　　刘徽还把极限思想应用于近似计算中，其中一个例子就是求解圆周率。他在《九章算术》注中给出"更造密率"之法，即从

---

[1] 郭书春，《古代世界数学泰斗刘徽》，山东科学技术出版社，1992 年，第 221—267 页。

圆内接正六边形出发割圆。一开始他给出了割得正 96 边形后的结果 157/50=3.14，但这一结果"犹为微少"，于是刘徽又割到正 3072 边形，得出 $\pi \approx 3927/1250=3.1416$。刘徽计算圆周率的程序与证明圆面积公式的方法关系密切，是"以面乘余径"的具体化。理论上说，依照刘徽的程序，要割多细、计算多精确，都可以完成。这使得刘徽在这一方面赶超了阿基米德。南北朝时期，祖冲之继续发展刘徽方法割到圆内接 6×2^{11} 边形，并结合调日法等算法，进一步得到圆周率 355/113。[1]

　　与阿基米德用归谬法计算球体积不同，中国古代对这一问题使用无穷小分割方法。在《九章算术》注中，刘徽设计了"牟合方盖"，即将两个相等圆柱正交后的公共部分。刘徽指出，半径等于圆柱底面半径的球体积与牟合方盖之比为 $\pi:4$。只要求出牟合方盖体积，就能求出球体积。遗憾的是，刘徽没有求出牟合方盖的体积。刘徽之后约 200 年，南朝数学家祖暅之给出开立圆术，成功解决了这一问题。祖暅之首先概括出一个原理：如果两个立方体任意等高处的截面积相等，则它们的体积也必然相等（这相当于 17 世纪欧洲人卡瓦列里〔Bonaventura Francesco Cavalieri〕提出的原理）。接下来，取牟合方盖所在立方体的八分之一的小正方体，切割出牟合方盖后剩余的部分可以分为三部

① 郭书春，《中国传统数学史话》，中国国际广播出版社，2012 年，第 144—149 页。

分，称为"外三棊"，其截面积恰等于一个长、宽、高均为球半径的锥体（"阳马"）的相应截面积。根据前述原理，则外三棊体积之和与该阳马体积相等，即等于小正方体的1/3，这样就证明了牟合方盖体积是其外切正方体体积的2/3。而球体积则是该正方体体积的 π/6。祖暅之的高明之处在于，他在不同形状截面的立方体之间应用祖暅之原理，而且截面积变化率也是非线性的，这表明他对该原理以及无穷观念的认识比刘徽又进了一大步。[①]

四、无穷思想在伊斯兰世界的发展

　　和数学的其他分支一样，罗马帝国兴起后，西方数学的重心就从希腊化世界逐渐转移到西亚了。相隔几百年后，在古希腊先贤们留下的宏伟遗迹上，无穷观念在伊斯兰世界的数学研究中大放异彩。其中影响最为深远的古希腊遗产是欧几里德《几何原本》的第10卷，该卷记载了由欧多克索斯严密化的穷竭法原则。此外，阿基米德的两种著作《圆的测量》和《论球与圆柱》也于9世纪被翻译成阿拉伯语（其他著作则很可能不为伊斯兰学者所知）。这些著述成为随后几百年里伊斯兰世界无穷小思想的基础。

　　伊斯兰数学中的无穷小思想主要是由活跃于公元9世纪，生活在巴格达的穆萨（Banū Mūsā）兄弟及其后学发展起来的。他们

---

① 郭书春，2012 年，第 139—144 页。

的著作《论平面和立体的量度》（*Kitāb maʿrifat masāḥat al-ashkāl*）不仅开辟了阿拉伯学者研究面积和体积的道路，还是 12 世纪阿拉伯数学的拉丁化进程所依据的基本典籍之一。该书分为三部分，第一部分涉及圆的量度，第二部分是球，第三部分则试图解决经典的三等分角问题，其所涉问题基本没有超出古希腊学者感兴趣的范畴，但在方法上做出了一些改进。比如在求圆周率时，穆萨兄弟把几何上的计算圆内接和外切正 n 边形边长转换为三角函数问题，即把 $\dfrac{n \cdot l \text{ 内接正 n 边形}}{2r} < \pi < \dfrac{n \cdot l \text{ 外切正 n 边形}}{2r}$，转换为 $n\sin(\pi/n) < \pi < n\tan(\pi/n)$，由于三角函数值可以通过很多已有公式进行计算，因此这比阿基米德的方法更为便捷。[①]

　　与穆萨兄弟同时代的塔比·伊本·库拉（Thābit Ibn Qurra）也对无穷观念的发展做出了巨大贡献。他在此领域的主要贡献是三篇论文，分别阐述求抛物线分段面积、求抛物形体体积和求圆柱截面面积的方法。在第一篇论文里，库拉提出"抛物线是无限的，但其任何一部分都等于与其底和高相同的平行四边形面积的 2/3"，其证明过程实际复活并推广了阿基米德的积分方法，并用它来计算几何级数之和。到这时阿拉伯数学对积分算法已有相当程度的发展。[②]

　　塔比的探索启迪了一大批伊斯兰数学家。其最杰出的后学当

---

① L. Berggren,J. Borwein and P. Borwein,ed.,*Pi:A Source Book*,New York:Springer Science+Business Media,2004,pp.39-45.

② R. Rashed,ed.,*Encyclopedia of the History of Arabic Science*,Vol.2,London: Routledge,1996,pp.88-92.

属海什木（Ibn al-Haytham，拉丁名为 Alhazen），他在无穷小方面写有 12 篇论文（现存 7 篇）。其中前 3 篇主要讨论半月形和圆形的积分问题，这是对前述古希腊数学家希波克拉底对弓形面积研究的发展。海什木指出，半月形面积与扇形或三角形不同面积的积分有关。他还运用积分方法计算球体面积，并推广了《几何原本》中的定理。此外，在一篇论文中，海什木对源于古希腊的等周问题（及进一步的等表面积问题），即求一已知长度的曲线所围成的最大面积发表了看法。凭借直觉，容易猜测答案是圆（类似的等表面积问题答案应为球），但要作出严格证明却颇有难度。在海什木之前，呼罗珊人哈津（Al-Khāzin）已在这一问题上做了很好的工作，但海什木对之前学者的证明都不满意。他论证了圆是一切周长相等的正多边形面积的极限，而球也应当是一切内接正多面体体积的极限。尽管对后一问题的证明海什木并未最终完成，但他的失败仍是富有启发性的，这被认为是中世纪阿拉伯数学的最重要的成就之一。[1]

最后，对于圆周率，伊斯兰学者主要还是继承了阿基米德的算法。12 世纪活动于西班牙的犹太数学家迈蒙尼德（Maimonides）指出，圆周率也是无理数。[2]14 世纪服务于中亚兀鲁伯天文台的卡西（Al-Kāshī）计算了圆内接和外切 6×2^{27} 边形时圆周率的近似值为

① R. Rashed,ed.,1996,pp.105-111.
② I. Grattan-Guinness,1994,p.139.

3.14159265358979325，即精确到小数点后 17 位，这是古代世界里对圆周率计算最精确的值。[①]

五、高次方程根的求解

前面曾述及开方术的发展与方程的发展具有密切关系，对于高次开方术则更为如此。当然，古代算书为了重点阐述方程解法，不少高次方程实际是先预设整数解，再设计方程式。但如果为追求方程解法的普遍性，则必须面临开高次方不尽的问题。这时，计算高次方程实数根数值解就是必要的计算技能了。

高次方程求解这一代数学领域的进展，在阿拉伯数学与中国数学中几乎是同时发生的，而且各有特色。例如卡拉吉（Al-Karaji）曾研究过整次幂二项式 $(a+b)^n$ 的展开式系数问题，但其本人相关论述已不存。波斯数学家奥马尔·海牙木（Omar Khayyām）重复了卡拉吉的论述，同时将展开式系数自上而下摆成等腰三角形数表（因此它又被称为海牙木 – 帕斯卡三角形），而继承卡拉吉学说的萨玛瓦尔（Al-Samaw'al）也使用该三角形来解高次方程。[②] 在中国，这个三角形最早由贾宪（活跃于 11 世纪上半叶）提出，原名为

① R. Rashed,ed.,1996,pp.120-121.

② R. Rashed,*The Development of Arabic Mathematics:Between Arithmetic and Algebra*,Berlin:Springer Science,1994,pp.62-81.

"开方作法本源"或"释锁求廉本源",因此亦称作"贾宪三角"。[①]
使用该三角,贾宪提出立乘释锁平方方法和立成释锁立方方法,即利
用二项式 $(a+b)^n$ 展开式中间的系数来开平方、开立方。"贾宪三
角"在正整数次幂方向上的无限延伸,似乎说明他已经能依此法
开任意高次方。贾宪又将"贾宪三角"各廉的增乘方法推广到开
方术和立方术中,创造了增乘开方法和增乘开立方法,使开方术
更加齐整和程序化。贾宪给出了一个例子:求 x^4=1336336 的正根,
这是中国古代数学现存资料中第一个直接开方的三次以上的方程。
比贾宪年代略晚的刘益又创立益积术和减从术,突破了方程仅限
两项以及系数必须为正等限制,根据记载,他求解过四次方程:
$5x^4+52x^3+128x^2$=4096。但刘益之后百余年间的数学著作基本失传,
因此对于 12 世纪中国数学的发展状况,目前还很不清楚。[②] 帕斯
卡三角形的发明权归属,历来是来自不同文明的数学史学者各执
一说的问题。在伊斯兰方面,卡拉吉年代最早,然而其著作失传;
著述留存详细的海牙木等人,年代又晚于贾宪。但无论如何,它
都是在 10 世纪末到 11 世纪初的几十年内完成的,而且分属不同
数学传统,解决不同数学问题,因而两大文明分享发明权,应是

---

① "廉"指实际运算中未知数除首尾外各次方的系数。如对于 $(2+x)^5$,在"贾
宪三角"中对应的数字为 1,5,10,10,5,1,则各廉为 5×2^4=80, 10×2^3=80,
10×2^2=40, 5×2^1=10。在所布算筹中,各廉从上到下,按位数呈阶梯状
排列。
② 郭书春,2010 年,第 422—435 页。

目前较为合理的方案。

12 世纪波斯数学家谢拉夫丁·图西（Sharaf al-Dīn al-Ṭūsī）对三次方程进行了更深入的研究。他在《方程论》(*Al-Mu'adalat*) 一书中列举了八种有正数解和五种可能没有正数解的情况，在方程求解方面，他发展了求开立方近似值的算术方法（以往被西方数学家称为"鲁菲尼 - 霍纳"法），以及利用曲线极值求解的几何方法。[①] 而在中国，13 世纪中叶至 14 世纪初的秦九韶、李冶、朱世杰等数学家，则将以增乘开方法为主导的求高次方程正根的方法，发展到十分完备的程度，在秦九韶《数书九章》中甚至包含有求一道名为"遥度圆城"的 10 次方程实数根数值解的详细步骤，这在技巧上显然比阿拉伯数学家更进一步，也是对"鲁菲尼 - 霍纳"法的高度灵活应用。此外，秦九韶通过提出大衍求一术，彻底解决了《孙子算经》中提出的"物不知数"类不定方程。与秦九韶同时代的北方数学家李冶则提出了天元术，即使用仙、明、霄……天、人、地……泉、暗、鬼等 19 个单字表示未知数从 x^9 至 x^{-9} 的各幂，根据问题设未知数，列出两个相等的多项式后进行运算，化为有待求解的方程。显然，天元术在形式上与卡拉吉所列的各次幂有相似之处，但用途和算法却截然不同，体现了中国数学与阿拉伯数学不同的特色。[②] 稍晚的朱世杰在天元术

---

① R. Rashed,ed.,1996,pp.29-37.

② 郭书春，2010 年，第 435—447 页。

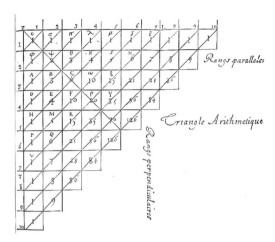

图 1-3　帕斯卡三角形

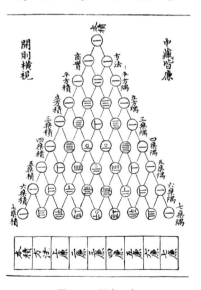

图 1-4　贾宪三角

的基础上发展出四元术，即列四元高次多项式方程及其消元求解方法。[①]可以说，当时中国与阿拉伯数学可谓并峙于东西方的两座高峰。

① 郭书春，2010 年，第 447—457 页。

第二章　丝绸之路上的天文学

第一节　二十八宿起源与古代中国天学传统

二十八宿起源于中国还是印度、巴比伦，这是一场持续近两百年的全球天文学起源的争论。如下尝试从"天学传统"观念去审视这一场论争。

一、二十八宿起源：近代中西会通凸显的主题

尽管古代中国天文学有着悠久的传统，但是二十八宿的起源构成一个问题，这是在近代中西文化的双向交流中凸显的。在16、17世纪，利玛窦（Matteo Ricci）等耶稣会士将西方天文学带入中国，汤若望在17世纪初期参与编纂《崇祯历书》，以后引发中西历法之争，引发了清初天文学的重大变革。另一方面，古代中国的天文学随着耶稣会士的交流而传播到西方世界。18世纪中期，法国耶稣会士宋君荣（Antonie Gaubil）撰写了多篇关于古

代中国天文学的著述，描述了古代中国的历史纪年以及天象记录，这位 18 世纪法国最伟大的汉学家的著作流传到西欧后产生了重大影响。

19 世纪初，英国学者科尔布鲁克（H. T. Colebrooke）把印度二十八宿介绍到西欧，这时人们发现古代中国、印度、巴比伦、阿拉伯的天文体系中都有二十八宿，它们应当是同一个起源，"二十八宿者，系以黄道、赤道附近天空所分成二十八个不等部分。自古中国、印度、埃及、波斯等，咸有斯几相类似之区分法。惟由其区分法类似之状态观之，此等区分法系非各国所创作，乃自同一源流出发而传于此等国者，是无容疑"。[①] 究竟最初从哪里发现，何时发现，又是何时、从哪一条路线传播到其他文明的呢？这些成为其后一个半世纪各国天文学家持续争论的问题。最初，法国天文史家俾俄（Jean-Baptiste Lamarck）在 1840 年明确主张二十八宿起源于中国，并指出二十八宿是赤道星座，形成于公元前 2400 年前后，印度的二十八宿是从中国传过去的。玛得那（Johann Heinrich von Mädler）是德国职业天文学家，曾经绘制了第一张关于月球的详图，他表示赞同俾俄的观点。

最早反对中国起源说的是韦柏（L. Weber）。他在《中印两国历学的比较》一文中，提出二十八宿起源于印度。他认为印度

---

① 新城新藏，《东洋天文学史研究》，沈璿译，中华学艺社，1933 年，第257 页。

二十八宿始于昴，中国二十八宿始于角，而昴为春分点的时代，比角为秋分点的时代早一千多年。此后，在中国的传教士艾约瑟（Joseph Edkins）1873 年在《希腊数学考》一文中认为十二宫起源于巴比伦、印度；1877 年撰文认为二十八宿起源于巴比伦；到了1885 年，他的题为《中国天文学和占星术的巴比伦起源》明确认为巴比伦最早提出黄道十二宫，中国二十八宿起源于巴比伦，这些黄道十二宫的知识在公元前 2200 年到公元前 820 年之间从巴比伦传到中国。① 值得注意的是，艾约瑟开始把黄道十二宫的起源与二十八宿的起源联系到了一起，以黄道十二宫的起源作为二十八宿起源的证据。艾约瑟的论文在当时就遭到了英国传教士谌约翰的反驳，认为艾约瑟的论点只是推测而不能作为事实，他主张印度起源说，其依据是中国岁名、岁阳以及五帝等名称的研究。

在二十八宿起源于巴比伦或印度的观点大行其道时，也有西方学者的反对意见。比如，1875 年古斯塔夫·薛力赫（Gustaaf Schlegel）的《星辰考源——中国天文志》主张中国起源说，他认为中国星宿是中国自己创造的；西方星座很多是从中国传过去的；中国星宿的悠久历史可以得到天文地理各方面的证明。不过，他在解读中国文献时过于夸张，把中国天文学史推到一万六千年前，论据不够充分，影响亦有限。

---

① 邓亮，韩琦，《晚清来华西人关于中国古代天文学起源的争论》，《自然辩证法通讯》2010 年第 3 期，第 45—51 页。

真正让二十八宿的中国起源说成为一股潮流的，是 20 世纪初期日本职业天文学家新城新藏的《东洋天文学史研究》。在这本书中他主张二十八宿起源于中国，"在周初时代或其前所设定，而于春秋中叶以后，从中国传出。经由中央亚细亚，传于印度，更传入波斯、亚拉伯方面者焉。"其理由是：（一）对于中国存在之二十八宿得追其踪至周初；（二）印度之二十八宿系相当于中国二十八宿起源时之状态；（三）二十八宿之发源地，当为如次之地方，即于古代，主以北斗为观测之标准星象之地方；（四）二十八宿之发源地，恐为古代有牵牛织女之传说之地；（五）二十八宿传入印度以前，有停顿于北纬四十三度内外之地之形踪。（六）二十八宿之分配于四陆，中国与印度不同。[1]

其后，二十八宿起源的有力论证来自中国学者竺可桢，他主张二十八宿起源于中国。"但对于理论方面，则我国古代天文学不但远逊于希腊，较之同时之印度亦有愧色。二十八宿之创立完全基于观测，无理论之需要，故其源于中国亦意中事也。"[2] 中国考古学家夏鼐在《从宣化辽墓的星图论二十八宿和黄道十二宫》综述了前人研究成果，认为二十八宿起源于中国，黄道十二宫起源于巴比伦。"黄道十二宫体系，起源于巴比伦，完成于希腊；由希腊

---

[1] 新城新藏，1933 年，第 284 页。

[2] 竺可桢，《二十八宿起源之时代与地点》，《竺可桢文集》，科学出版社，1979 年，第 244 页。

传入印度。后来这体系随着佛教传入中国，最早见于隋代所译的佛经中。十二宫图形的输入也已证明至晚可以早到唐代。但是在明代末年近代西洋天文学输入以前，这体系在中国始终未受重视，未能取代二十八宿和十二星次。"①

　　20 世纪以来，虽有反对意见，二十八宿的中国起源说一直占据着史学界的统治地位。日本学者饭岛忠夫认为，二十八宿制定于公元前 396 年到公元前 382 之间，其依据是冬至点在二十八宿中的牵牛初度。其由巴比伦传于中国的具体时间为公元前 331 年，其时亚历山大大帝攻入波斯帝国，曾进入中亚和古印度，二十八宿由此传入中国。1978 年，在湖北随县曾侯乙墓中发现的衣箱盖上绘有明确的二十八宿图案，并标有二十八宿的具体名称，其时间为公元前 433 年。曾国是战国初期的小国，不处于中原核心文化区，漆箱盖上的装饰性图案说明，此时二十八宿已经相当普及，其起源时间要远远早于这一时间。这一有力证据也佐证饭岛忠夫的推论是错误的。

　　纵观上述历程，二十八宿的起源是随着古代中国天文学被西方学界的"重新发现"而构成一个主题，最初被认为是中国起源，其后随着问题的深入和复杂，比如二十八宿与黄道十二宫的关系，二十八宿还是二十七宿，各国关于各宿名称的比较，二十八宿在

古代世界的位置，等等，中国起源说遭遇挑战，并随着西方学界在 19 世纪下半叶的西方中心论影响，巴比伦起源说与印度起源说一时成为主流，为相当一些传教士乃至中国学者接受。直至 20 世纪后，随着新城新藏、竺可桢等人的杰出工作，中国起源说又重新占据主导地位。

二、古代中国天学传统的内涵

在特定的天文学意义上，二十八宿是构成古代中国"天学传统"的组成部分，具有前后相继的思想传承。关注二十八宿的起源问题，实则关注古代中国天学传统的来源问题。

1. 二十八宿的三层内涵

二十八宿的第一层含义，是指二十八个星座。古代中国至迟到曾侯乙墓的战国早期，已有二十八宿的明确名称。到了汉代，二十八宿的名称固定下来而未有变化。《淮南子·天文训》写道："五星，八风，二十八宿。"注曰："二十八宿，东方：角、亢、氐、房、心、尾、箕；北方：斗、牛、女、虚、危、室、壁；西方：奎、娄、胃、昴、毕、觜、参；南方：井、鬼、柳、星、张、翼、轸也。"[①]

二十八宿的第二层含义，是为了追踪月球在恒星间的运行，以显著星象为目标而设立的二十八个标准点。在中国、西

---

① 高诱注，《淮南子》，上海古籍出版社，1989 年，第 27 页。

图 2-1　曾侯乙墓漆箱盖上的二十八宿图案（湖北省博物馆藏）[①]

方、印度和阿拉伯世界，二十八宿指的都是月亮在一个月中的不同位置。在英文中二十八宿被译为 the lunar mansions，在古印度被称为"纳沙特拉"（nakshatra），在阿拉伯被称为"马纳吉尔"（al-manazil），它们都是指"月站"的意思。古代中国的"宿"也是住所之意。《论衡·谈天》写道："二十八宿为日、月舍，犹地有邮亭为长吏廨矣。邮亭著地，亦如星舍著天也。"这二十八个标准点呈现出月亮运行的一个周期，它是一个圆周（并非正圆形），它的排列应当有一个起点，二十八颗星体依次经过后回到原来的位置。

[①] 曾侯乙墓出土了五只漆木衣箱，其中一只衣箱的盖上绘有二十八星宿图，中央写了一个篆书的"斗"字，即北斗星。"斗"字周围有二十八星宿的名称，"斗"字通过笔画延长线与二十八星宿相连，体现二者的互动关系。这只衣箱上所绘的二十八星宿图是迄今为止我国发现的二十八宿全名最早记录。它说明最晚在战国初期，中国已经确立了二十八星宿体系。

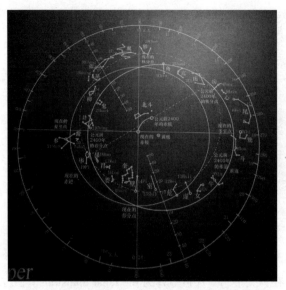

图 2-2 斗转星移的古今位置图（湖北省博物馆藏）[①]

二十八宿的第三层含义是，星座不仅是观察星空的某个恒星或行星的名称，而且充当有天空星体坐标系的内涵，后者是判断二十八宿构成天学传统的核心和关键。任何一颗星体都可以归入二十八宿之内，它把圆周分为二十八个部分，每一颗星体都属于某一个扇形，依据这颗星体与扇形内的坐标星体的距离和角度，可以确定这一颗星体的定位。

① 二十八宿图上表现的"斗转星移"的关系，只有在纬度偏北的黄河流域才能观察到。它证明中国先秦的二十八宿体系不是来自古印度。古人祭祀房宿，它是农祥星，一共四颗，一字排开，像四匹驾车的马，也称"天驷"。它在立春日拂晓出现在正南，是黄河流域春耕生产开始的标志。

二十八宿的多层内涵是二十八宿起源问题纷繁复杂的重要原因。一个世纪以来中外学者关于二十八宿的分歧，在很大程度上是关于二十八宿内涵理解的分歧。本节以二十八宿的天文学坐标系为核心内涵，以此加深对此问题的理解。

2. 把二十八宿理解为星体坐标系而形成的推论

把二十八宿看作整个天体坐标系，这是古代中国天学的一个结构性创新，也是理解古代中国天学独特性的根本标志。如前所述，二十八宿的内涵发展经过三个阶段，首先是某几个星宿的名称和星图，然后是展现月亮在一个周期内二十八天的位置变化，以及按照这二十八个标准点进行星空分区，最后是二十八宿具备星体坐标系的功能，以此帮助推算诸天体的运动轨迹。

应当说，二十八宿不能等同于星体坐标系，星体坐标系是二十八宿的最终发展和最重大价值展现，并构成古代中国的天学传统。在笔者看来，古代中国的天学传统主要有两个，一是星体坐标系的确立，二是数理天文学的确立和发展。从星体坐标系的视角把握二十八宿，是从古代天学传统的脉络理解二十八宿，有助于简化和澄清多个相关问题。

第一，不论是二十八宿还是二十七宿，仅涉及月亮周期性变化的分区，彼此之间可以互换，它不涉及星体坐标系的主题，以及随之而来的中西天学传统的本质差异。

古代中国采用二十八宿，古代印度采用二十七宿，古代中国与古代印度在天空分区问题上虽有差异，但二者实际上是等价

的，并不涉及本质的差异。恒星月的长度为 27.32166 日，这就有
了二十八宿和二十七宿之分，二十七宿是指月亮运行 27 天一个周
期后回到原来位置，二十八宿是指月亮运行 28 天一个周期后回到
原来位置。月亮每晚都在恒星之间的一个住所停留，恒星月的长
度在 27 日与 28 日之间，取其整数，既可以划分为二十八宿，也
可以划分为二十七宿。这一划分无关各自文明关于天体坐标系的
主题，二者都是可行的。换言之，二者的区别在天文学坐标系层
面上没有实质意义。中国古代曾经将室、壁两宿合为一宿，成为
二十七宿；也可以把二者分开，成为二十八宿。

第二，二十八宿的起源与黄道十二宫无关。"古人为了表示太
阳在黄道上的运行位置，把黄道带等分为十二部分，叫做黄道带
十二宫，便是太阳所经的行宫的意思。每宫三十度，各用一个跨
着黄道的星座作为标志，叫做黄道带十二星座。当初创立时，宫名
和星座名是一致的。希腊的黄道十二宫的起点用春分点，在白羊
宫。"[1] 把黄道十二宫看作二十八宿的起源，一个重要的误区是认为
黄道十二宫具有天体坐标系的功能。应当说，二十八宿涉及天体
坐标系，黄道十二宫没有天体坐标系的功能。

黄道与黄道十二宫是两个概念，黄道或具有星体坐标系的功
能，西方一直采用黄道坐标系，古代中国主要采用赤道坐标系；
黄道十二宫没有坐标系的功能。黄道和黄道十二宫都是指地球围

----

[1] 夏鼐，1979 年，第 43 页。

绕太阳的轨道。黄道十二宫明确表示太阳在黄道的位置有精确的分区，从春分点开始，每一个宫的大小都是 30 度。黄道十二星座包括白羊座、金牛座、双子座、巨蟹座、狮子座、处女座、天秤座、天蝎座、射手座、摩羯座、水瓶座、双鱼座，这些星座都在各自"宫"中，但其本身不能等同于坐标系。与此对照的是，二十八宿的天区不是等分的，各宿的距离相差很大，用古度表示，井宿最宽，有 33 度，觜宿最窄，只有 2 度。二十八宿的天区具有坐标系功能。

　　黄道十二星座与黄道十二宫有关，郭沫若先生考证认为："分野创制于巴比伦之古代，以十二宫配十二国土。中国之分野说以阏伯实沈传说为最古，大抵当与十二辰同时传来。……后之分野说以二十八宿为配，或以十二岁次为配，即此古制之孑遗矣。"[1] 笔者认为，黄道十二宫无涉坐标系，它的起源无关二十八宿的起源。无论郭沫若关于黄道十二宫起源的判断正确与否，郭先生将黄道十二宫与二十八宿区别开来的观念是合理的。

　　类似的是，古代中国七曜也无涉天体坐标系，七曜是从古印度传入的，它的传入与二十八宿起源无关。七曜是指日、月以及水、金、火、木、土五大行星的总称。古代巴比伦有把一个星期分为七天的制度。七曜是古代中国天文学家反复观察的对象，其兴盛在隋唐，更多在占卦、历法等方面受到古印度的影响。"七曜

---

[1] 郭沫若，《释支干》，《郭沫若全集》第 1 卷，科学出版社，1982 年，第 90 页。

术盛行于六朝至唐宋时期，但其在中土首露端倪，或可上溯至东汉末年的天学家刘洪。"[1]

第三，二十八宿涉及天体坐标系的起源（它把天空分为二十八个区域）。陈久金先生认为，无论黄道坐标系还是赤道坐标系，都是形成于二十八宿的基础之上。"描述天体的方位大致有三种，地平坐标系、赤道坐标系和黄道坐标系。在中国古代，这三种坐标系都使用过，且有中国的显著特点。对这些特点仔细加以分析发现，中国天文坐标系，是建立在二十八宿基础之上的。"[2]

古巴比伦、古埃及、古印度采用的都是黄道坐标系，古代中国主要采用的是赤道坐标系，汉代以前少数天文学家采用黄道坐标系，在唐末以后黄道坐标系很少使用。古代中外天文学的这一差异极为重要，考虑到古代中国具有独立天体坐标系的事实，这成为坚持中国本土起源的有力证据：如果古代中国的天体坐标系是外来起源，那么中国就应当如同古希腊和古埃及一样沿用黄道坐标系，它何以有必要发展出另外一个不同的赤道坐标系，并且把这一独特的坐标系发展成古代中国天文学的主流呢？耐人寻味的是，李约瑟高度评价中国赤道坐标系的独创性，详尽阐释它对于近代天文学革命的价值——开普勒使用的是赤道坐标系，但同

① 江晓原，《天学真原》，辽宁教育出版社，1991 年，第 324 页。
② 陈久金，《斗转星移映神州（中国二十八宿）》，海天出版社，2012 年，第 69—70 页。

时坚持古代中国天文学起源受到外来天文学的影响。

　　第四，把二十八宿看作天体坐标系，有助于我们澄清二十八宿发现的评价标准。究竟是以二十八宿的某些星体名称或某些星体的图像（星图），还是二十八宿的全部星体的名称或全部星体的图像（星图），当做发现的起点呢？抑或二十八宿的相关描述能够体现出天体坐标系，它就是二十八宿的起源？中西学界围绕此问题的标准是不同的，相当数量的学者以名称及其星图作为标准；本节试图以天体坐标系作为评价标准。

三、二十八宿的起源与古代中国天学传统的确立

1. 周代前的二十八宿：无法信服的史实

　　在河南濮阳西水坡的距今 6000 多年前新石器时代墓中，墓主头向南，脚向北，仰卧，蚌塑图案东有龙，西有虎，北边略呈三角形，可能是北斗的图案，还有龟、蛇、羊、鸟等图案。在古代中国，二十八宿分为四组，每组七宿，与东、西、南、北四个方位和苍龙、白虎、朱雀、玄武（龟蛇合称）等动物形象相配，称为"四象"。但上述墓葬仅仅有龙虎龟蛇的图案，它或许涉及某些星体的观测及其方位，没有任何坐标系的功能，因此无关二十八宿的起源。或许我们可以说，二十八宿起源于四象，但四象的描述本身并不能标志二十八宿的形成。此四象的说法只能说明新石器时代的人们已经观察星空，能够确定方位。

　　关于夏代的二十八宿起源，有一段见于《尚书·尧典》的文

本："日中星鸟，以殷仲春"；"日永星火，以正仲夏"；"宵中星虚，以殷仲秋"；"日短星昴，以正仲冬。"尧帝的时代是 4000—5000 年前。法国学者卑奥推算认为这是公元前 2357 年；赵庄愚推算认为这是公元前 2000 年之际的天象记录。竺可桢考证后认为，鸟、火、虚、昴这四颗标志着仲春仲夏仲秋仲冬的星不在同一个时代，只有冬至昴星相当于 5000 年前的尧帝时代，其余标志着春分、夏至、秋分的星体相当于 3000 年前的周初。"要而言之，如尧时冬至星昴昏中则春分、夏至、秋分时鸟、火、虚三者皆不能昏中。吾人若信星昴为不误，则必置星鸟、星火、星虚于不顾，而此为理论上所不许，则《尧典》四仲中星，盖殷末周初之现象也。"[①] 这说明《尧典》作于周初，其天象是周人添加的，并不能作为 5000 年前的尧帝记录，只能作为周代的记录。

2. 周初二十八宿的形成：新城新藏的可信服结论

陈久金先生统计，《诗经》中共出现二十八宿中 9 个星名，分别为大火、参、昴、定、织女、牵牛、箕、斗、毕。《诗经·小雅·大东》写道："跂彼织女，终日七襄。虽则七襄，不成报章。皖彼牵牛，不以服箱。东有启明，西有长庚。有捄天毕，载施之行。维南有箕，不可以簸扬。维北有斗，不可以挹酒浆。维南有箕，载翕其舌。维北有斗，西柄之揭。"[②]

---

① 竺可桢，1979 年，第 107 页。
② 程俊英，《十三经译注·诗经》，上海古籍出版社，2004 年，第 344—345 页。

周初已有牛郎、织女的星座，以及悠久的牛郎织女的传说，这是新城新藏主张二十八宿源于周初的又一个证据。陈先生认为，牵牛、织女作为二十八宿星名，说明它是"二十八宿形成的早期"，以后才成为牛宿和女宿；"箕星和南斗星均未出现过，这两个星宿并不很明亮，仅箕宿三和斗宿四为二等星，其余均为三、四等小星……而只有当二十八宿成立之后，斗宿和牛宿才能获得这样重要地位。"①这体现古代中国天学的特色，它不是像西方那样以亮度来判断星宿的重要性。一个类似的例子是，北极星本身是一颗不太亮的星，它在"北斗"观测中起到非常重要的作用，也是新城新藏所依据的"二十八宿发源地当以北斗为观测的标准星象"。一颗不太亮的北极星具有重要位置，这是古印度和西方世界没有的。可以设想的是，如果古代中国选择的二十八宿的星都是非常亮的，那么不可能突出北极星的重要性。

新城新藏的西周初年形成二十八宿的观点是有依据的。《周礼》已经有了二十八宿的记载。《周礼·春官》写道："冯相氏掌十有二岁，十有二月，十有二辰，十日，二十有八星之位。辨其叙事，以会天位。冬夏致日，春秋致月，以辨四时之叙。"②《考工记》描写相当详细："轸之方也，以象地也。盖之圜也，以象天也。轮辐三十，以象日月也。盖弓二十有八，以象星也。龙旗九

---

① 陈久金，2012年，第6页。

② 杨天宇，《十三经译注·周礼》，上海古籍出版社，2004年，第378页。

斿，以象大火也；鸟旟七斿，以象鹑火也；熊旗六斿，以象伐也；龟蛇四斿，以象营室也；弧旌枉矢，以象弧也。"[1]上述《周礼》已有明确的二十八宿表述，二十八宿各自有明确的固定方位，还没有完整的二十八宿名称。另外一个佐证是，上述提及的1978年在湖北随县发掘出的曾侯乙墓漆箱，其箱盖上以篆文书写二十八宿的名称，以及其具体位置。可见最晚在战国初年，二十八宿体系已经相当完备了。曾国仅是小国，此二十八宿星图漆于民用的衣箱盖，其年代要远早于战国早期，其形成于周初是合理的。

3. 汉初二十八宿的成熟与赤道坐标系的建立

《吕氏春秋》中的《圜道》写道："月躔二十八宿，轸与角属，圜道也。"[2]这是说月亮运行一个周期有二十八宿的圆圈，其具体的路线和名称在汉代文献有详细记录。汉代纬书《尚书考灵曜》把二十八宿分成九野："何谓九野？中央钧天，其星角、亢；东方苍（皞）天，其星房、心；东北变天，其星斗、箕；北方元天，其星须、女；西北幽天，其星奎、娄；西方成天，其星胃、昴；西南朱天，其星参、狼；南方赤天，其星舆鬼、柳；东南阳天，其星张、翼、轸。"[3]又写道："四方皆有七宿，各成一形，东方成龙形，

---

[1] 闻人军译注，《考工记译注》，上海古籍出版社，1993年，第122页。

[2] 许维遹集释，《吕氏春秋集释》卷三，梁运华整理，中华书局，2009年，第79页。

[3] 孙毂编，《古微书》卷二，载王云五主编，《丛书集成初编》，商务印书馆，1935年，第25页。

西方成虎形，皆南首而北尾，南方成鸟形，北方成龟形，皆西首而东尾。"①可见至迟到战国初期已有二十八宿的具体名称，到汉代后二十八宿的具体名称已经固定下来。

古代中国天学传统建立的标志是，二十八宿在汉代发展成为星体的坐标系。二十八宿既可以作为黄道坐标系，也可以作为赤道坐标系。依照地球公转的黄道平面确定坐标系属于黄道坐标系，依照地球自转的赤道平面确定坐标系属于赤道坐标系。到了汉代，虽有个别天学家采用黄道坐标系，但大多数天学家都采用赤道坐标系。每个天体的位置都是依据它与它所在分区（一共二十八个分区）的距星的角度来确定，依据的是"去极度"和"入宿度"这两个量度。去极度是指天体与北极的角度，即"90度减去纬度"；入宿度是指该天体与它相邻的距星的赤经差。以后最著名的天体测量仪器——郭守敬的"简仪"，即测量这两个根本量度的最简洁、最精确的天文仪器。

古代中国二十八宿与星体坐标系的独特特征有着直接的关系。月亮在一个月中位置不同，在星空中观察到的月亮运行速度不是均匀的，运行的轨道也不是正圆形的。这就造成了二十八宿距星的距离不是平均的，各个星宿所占的度数不是相同的，各自有不同的"宿度"。而且，古代中国二十八宿的"宿度"总和不是360度，这是古代中国天学传统区别于西方古代天学传统的一个特征。

---

① 孙毂，1935年，第33页。

古代中国一年是 365.25 天，天体星辰的一个周期是 365.25 度。所以，古代中国二十八宿的"宿度"总和是 365.25 度。

二十八宿的二十八颗距星大多以在赤道附近、赤道与黄道之间的星座为主，其星体坐标系的另外一个复杂性在于，这二十八颗距星在不同年份的位置是不断变化的。最初变化非常微小，但随着时间的积累，这些距星的位置有可能呈现极大的变化。由于这些距星起到的是星体坐标系的作用，它们的位置变化会影响到整个天学体系的变动。在古代中国形成了"开禧宿度"和"时宪宿度"这两个传统来描述"二十八宿度"变化。前者源自南宋开禧年即公元 1205 年，仍然采用 365.25 度的宿度体系，用"太"、"半"和"少"来表述宿度不足 1 度的变化；"时宪宿度"源于明代，它新采用了 360 度的宿度体系，并把 1 度分为 60 分，其计算更为精确，并配合清代时宪新历的宿度测量。

4. 以二十八宿为基础的星体坐标系与浑天假说的建立

以二十八宿为基础的赤道坐标系（或黄道坐标系）建立起来后，就有一个自然而然的问题——我们在这个体系中的位置在哪里？

张衡的浑天说在汉代变得流行，其后影响古代中国天学深远，与这一时期二十八宿发展成为星体坐标系有着重要的关系。张衡《灵宪》如下这段话多为学者关注，被看作浑天说的经典表述，笔者认为这段话亦展现出二十八宿与浑天说的密切联系："浑天如鸡子，天体圆如弹丸，地如鸡中黄，孤居于内。天大而地小，天表里有水，天之包地，犹壳之裹黄。天地各乘气而立，载水而浮。
周天三百六十五度又四分度之一，又中分之，则一百八十二度八
分之五覆地上，一百八十二度八分之五绕地下。故二十八宿半见
半隐。其两端谓之南北极。北极，乃天之中也，在正北，出地上
三十六度。然则北极上规经七十二度，常见不隐。南极，天之中
也，在正南，入地三十六度。南极下规七十二度，常伏不见。两
极相去一百八十二度半强。天转如车毂之运也，周旋无端，其形
浑浑，故曰浑天也。"[1]

仅仅从经验观察的角度而言，盖天说更贴近一些，更有助于
解释二十八宿建立的坐标系。如同张衡所说，北极的星座易于观
察，"常见不隐"，正南的星座不易见到，"常伏不见"。《周髀算
经》中的"盖天说"非常形象地指出天空像一个圆形的斗笠，"天
圆地方"更符合"二十八宿半见半隐"的实际观察；另一方面，
"盖天说"具有二十八宿的测量方法，能够确立天体的去极度，这
更接近于一个可以实践操作的数学模型。

从后世的观点来看，浑天说的价值更大，我们所处的星体不
是方的，也不是半球形，而是圆球形，这更符合今日的认识——
地球是圆的而不是方的，天体是球体的观念建立了起来。而且，
这个宇宙是一个无穷的宇宙，正如张衡所说："过此而往者，未之
或知也。未之或知者，宇宙之谓也。宇之表无极，宙之端无穷。

---

[1] 张衡，《浑天仪》，载《全后汉文》，商务印书馆，1999 年，第 567 页。

天有两仪，以儛道中。其可睹，枢星是也，谓之北极。"[1] 在这个新的宇宙体系中，地球好比卵中黄，环绕地球的宇宙好比卵白和卵壳，它们都是无穷的。这个无穷宇宙体系的运行以南、北两天极为轴心，以地球为宇宙的中心旋转。所有星体都是在运动的，只有北极好比车轴的中心，它处于中央位置而相对保持不变。实际上这也是一个假定，北极也是相对不移动的位置，它的位置还是有变化的。

从古代中国天学传统而言，二十八宿最大的价值是建立星体坐标系，至于坐标系建立起来后随之而来的宇宙图景，并不具有像后世那样理解的巨大的价值和意义。这些仅仅是关于宇宙的猜测和假定，与实际的星体坐标系的建立和数理天文学的计算工具的使用相比，后者更具有实用价值。

5. 中国二十八宿的西传

天文学家新城新藏先生认为二十八宿最早是在周初的中国形成，春秋中叶以后传到中亚、印度，最后传到波斯、阿拉伯等地区。如上所述，古代中国有着二十八宿前后发展的明确脉络，以及其发展成天学传统的系统历程。相比较而言，关于古印度天学相关的历史脉络不够清晰，当代的研究多是借用天文学去回推当时的年代。

新城新藏把二十八宿西传的时间确定为春秋时代而不是汉代，

---

[1] 张衡，1999 年，第 565 页。

这是因为从春秋时代到汉代，中国二十八宿的体系也有着重大的变化，古印度接受的二十八宿体系实际上是春秋时代的二十八宿，而不是汉代的二十八宿。一般而言，越是相近的地区，文化传播中彼此相似的地方越多。古代中国的二十八宿与古代印度的二十七宿体系相似度，要比古代中国与巴比伦二十八宿的相似度高得多。在二十八颗距星中，古代中国与古代印度有九个是相同的；古代中国和古代印度都是把角宿作为二十八宿运行的起点。从逻辑上讲，古代中国与古代印度二十八宿的差异，既有春秋时代二十八宿与汉代二十八宿的历史变化，也有春秋时代二十八宿传到印度后依据印度观测情况和印度文化而做出的变化。

　　古代中国二十八宿大多以暗的星体作为距星，而古印度选用的都是较亮的星体。古印度选用的一等星有十颗，四等星以下的才三颗。从有利于观察的角度，古代中国最初也是选用比较亮的星，以后慢慢地用相对比较暗的星来替换。在二十八颗距星中，一等星只有一颗，四等星以下的有八颗。最暗的一颗距星鬼宿一，肉眼勉强看到，这是一颗六等星。再比如，北极星也是一颗不太亮的星。类似的例子很多，毕宿一和毕宿五都很亮，但距星选用的是四等星毕宿一；参宿七是零等星，参宿四是一等星，但距星选用的是二等星参宿一；井宿选用的也是三等星的井宿一。古代中国的这一变化或许跟突出北极星的重要性有关。

　　在黄河流域，北斗七星一年四季的晚上都能肉眼看到，北斗七星的重要性是既能帮助定位，又能区分一年四季；在古代印度，北斗七星不是一年中都能肉眼观测，印度也不是一年四季，《鹧鸪氏梵书》中将一年分为春、热、雨、秋、寒、冬六个季节，或是冬、夏、雨三个季节。因此，北斗七星更适合古代中国天学体系。

第二节 西域扎马鲁丁与元代天文学的发展

蒙古铁骑建立起极为辽阔的跨越亚欧大洲的帝国，极大地促进了古代中国与西方世界的科学技术交流，元代在古代中国科学技术史上的地位应当受到更大的重视。元朝前后时间不到一百年（1271—1368），即便是从1206年成吉思汗统一漠北诸部建立大蒙古国算起，其历史也仅一个半世纪。值得重视的是，元代是古代中国历史上罕见的世界性帝国，在全球历史上能够与之相提并论的，前有波斯帝国、古罗马帝国、阿拉伯帝国，后有奥斯曼帝国、大英帝国等，在古代中国历史上为孤例，这是极为独特的。这一时期中西方处于同一个帝国，其交往比任何以前的时代都要便利得多。元朝建立的驿站制度虽为军事服务，亦极大方便了商品贸易的往来，减少了贸易往来的诸多风险和成本（比如，被抢劫的风险，行进到不同国家和部落的税费成本）。

西学对古代中国的直接影响并非从明末清初的利玛窦开始，迄今为止越来越多的材料显示，元朝时西学已经极大影响到天文、数学等领域，这或许是宋元时期成为古代中国科学顶峰的一

大促进因素，应当得到更多的重视。元朝时中西天学精英的直接
交流和彼此收益，这在过去时代是极少见到的。本节以扎马鲁丁
（Jamal al-Din）为例，阐明西域天学家对古代天学传统的影响。

一、扎马鲁丁《万年历》：古代中国颁行的外来历法

在古代世界的科学文明发展中，外来文化的影响相当重要，
它甚至构成本土科学文明发展的强劲动力，这是全球科学技术史
的客观事实，古代中国天学的发展亦然。然而，考察具体的数理
化、天文等领域在不同地区、不同时代的中西互动，各自具有特
殊的复杂性。以古代中国天学为例，在明末清初利玛窦来华前，
外来天学传统有极大影响，清代梅文鼎《勿庵历算书记》写道：
"故在唐则有《九执历》，为西法之权舆，其后有婆罗门《十一曜
经》及《都聿利斯经》，皆《九执》之属也。在元则有扎玛里迪音
西域《万年历》。在明则有马沙亦黑、马哈麻之《回回历》。"[1] 这些
外来历法一直未能替换本土历法。扎马鲁丁有《万年历》，稍后的
郭守敬编制并颁行《授时历》。中西天学在古代世界呈现出差异是
一个事实，它们之间是否呈现出差距？在西欧和阿拉伯世界影响
巨大的托勒密体系及其历法体系未能替换中国本土历法，又应当
怎样去理解和解释？

西来历法没有替换本土历法，但古代中国也曾颁布过西来历

---

[1] 梅文鼎，《勿庵历算书记》，景印文渊阁四库全书·子部六，第3页。

法，元代扎马鲁丁的《万年历》或许是首例。《元史·历志》载：
"至元四年，西域札马鲁丁撰进万年历，世祖稍颁行之。"[1] 中国学
者关于此记载的争议和分歧源自"稍"的理解，一种理解是，颁
布和施行的时间很短，据阮元《畴人传·吴伯宗》："论曰：《九
执》、《万年》不行于当时，而回回经纬度乃得与《大统》始终参
用。盖其法亦屡变而加精，渐能符合天象矣。"[2] 另外一种理解是，
"《万年历》不但自至元四年行用到皇庆二年，而且一直沿用到明
朝初年，至马沙亦黑译编《回回历法》为止。"[3] 笔者赞同后一种理
解，认为"稍"字指的是施行历法的范围，它仅仅适用于穆斯林。
至元四年是 1267 年，皇庆二年是 1313 年[4]（《元史·仁宗本纪》写
道，皇庆二年"十二月辛酉，可里马丁上所编《万年历》"[5]）。前
后至少有 46 年。但是，伊斯兰教的祭拜仪式必须据其特定的历
法，穆斯林斋月的确定，开斋节、古尔邦节、圣纪节的具体时间，
都要按照伊斯兰历法进行推算。在没有新的伊斯兰历法颁布前，
它一直沿用，直到明朝新的《回回历法》而止。

　　《万年历》与《授时历》并行施用的说法其实并不准确。从表
面上看，元代确实同时有《万年历》与《授时历》，但是"并行"

---

[1] 宋濂，《元史》，中华书局，1976 年，第 1120 页。
[2] 阮元，《畴人传》卷二九，续修四库全书·史部·传记类。
[3] 陈久金，《回回天文学史研究》，广西科学技术出版社，1996 年，第 93 页。
[4] 究竟哪一年结束存在争议，一说是 1313 年，另一说是一直使用到明朝。
[5] 宋濂，1976 年，第 559 页。

两字有着含混的理解，究竟是彼此可以互相替换，还是彼此具有同样的重要性？从本质上讲，一个国家只能有一个历法。尤其在主张"天人合一"的古代中国，天学具有强大的政治内涵，更是有必要保证历法的统一。因此，二者所谓的"并行"实质上是主辅关系，《万年历》的"稍颁行之"，是因为元代中国有大量的伊斯兰教信徒，《万年历》适用于这一类特定群体；《授时历》是元代的主流历法，它适用于元代中国的所有范围。

有关扎马鲁丁的天学工作，只能依据文本才能提供有说服力的证据。扎马鲁丁最重要的历法工作的结晶——《万年历》的原始文本未能流传至今，《元史·天文志》记载："惟《万年历》不复传，而《庚午元历》虽未尝颁用，其为书犹在，因附著于后，使来者有考焉。"[①]后世学者只是依据散见于元代文献的记载来从事研究。以扎马鲁丁制定的《万年历》颁行为标志性事件，此一时期的中西天学交流有着不同于唐代瞿昙家族的新特点。

第一，扎马鲁丁是西域穆斯林，这是自隋唐古印度天学家瞿昙家族之后，又一位影响中国天学的外来天文学家。他是元世祖忽必烈征召而来，传入的是阿拉伯天文学。唐代瞿昙家族的前身有可能是前来中国经商的印度商人在中国形成的家族，传入的是古印度天文学，瞿昙罗、瞿昙悉达、瞿昙谦及瞿昙晏祖孙四代曾先后主持唐朝官方的天文机构，前后长达百年。阿拉伯天文学和

---

① 宋濂，1976 年，第 1120 页。

古印度天文学都是外来的天文学，它们属于两个不同的天文传统。

　　第二，扎马鲁丁编制的《万年历》是伊斯兰历法，这是区别于古代中国天学传统的历法。比如，阿拉伯天文学采取的不是365.25度的圆周量度，而是采用自古代巴比伦以来就有的360度的周天量度。他们把天空划分为白羊、金牛等黄道十二宫，每30度为一宫，周天360度。另外，古代中国主要采用的是赤道坐标系，阿拉伯天文学主要采用的是以黄道为基础的天体坐标系。再则，阿拉伯天文学采用了古希腊罗马的球面三角形知识，应用日月五星和交食的几何学推算方法能够得到相当精确的结果。正如陈久金先生所说："如果能把这些知识用汉文记载下来，并为中国汉族的知识分子所接受，就将在中国天文学上引起更大的革命，使中西天文学更早地融合在一起。可惜札马鲁丁没有能够做到这一点，除掉《元一统志》以外，几乎没有留下他的任何著作，这是很可惜的。"[①]

　　第三，扎马鲁丁制定的《万年历》是元代官方颁布施行的历法，这是少有的官方颁布的外来历法，也从一个侧面反映出元代穆斯林在中国社会已经广泛分布，他们强大的现实需要是《万年历》颁布施行的社会基础。《万年历》的颁行与元代是一个世界性帝国有着直接的关系。在元代，大量的阿拉伯人进入中原，比如攻宋时曾经动用大量中亚制造的大炮，相关的工匠和操作手随

---

① 陈久金，1996年，第105页。

之进入中国；元代在征战时也征召了大量阿拉伯人，相当数目的"色目"人留在了中国，比如云南的"赛典赤"就是信仰伊斯兰教的家族。1221 年成吉思汗西征占领布哈拉，赛典赤·赡思丁（Sayyid Shams Din'Umar）率骑兵千人归顺，以后他担任成吉思汗的帐前侍卫，1274 年任云南省平章政事，其家族长期治理云南。元代的庞大外来群体已经迥异于唐宋时代前来经商贸易的阿拉伯群体，其伊斯兰教信仰的现实需求是扎马鲁丁《万年历》的庞大市场。

二、扎马鲁丁与回回天文台的建立

扎马鲁丁《万年历》的颁布施行，这是外来历法由中国官方颁行的少有例子，以后明初的《回回历》实际上是沿袭这一"稍颁行之"的模式。扎马鲁丁主持回回天文台的创建，同样是古代中国天学建制发展的少见案例。

扎马鲁丁是忽必烈亲自征召的学者，他的天学工作得到了蒙古帝国皇帝的支持。扎马鲁丁来到中国后，1267 年在元大都（今北京）设观象台，并敬献给皇帝 7 件天文仪器，1271 年，扎马鲁丁在元上都（今内蒙古正蓝旗境内）建立新的都城，新的回回天文台建立其中，扎马鲁丁任提点，成为天文台总负责人。以后扎马鲁丁受到元朝的重用，编制了《元一统志》的巨著。

《元史·天文志》的《西域仪象》中记载了扎马鲁丁制造的 7件天文观测仪器，分别为：1. 咱秃哈剌吉，汉言混天仪也。2. 咱秃朔八台，汉言测验周天星曜之器也。3.鲁哈麻亦渺凹只，汉言春秋分晷影堂。4.鲁哈麻亦木思塔余，汉言冬夏至晷影堂也。5.苦来亦撒麻，汉言浑天图也。6.苦来亦阿儿子，汉言地理志也。7.兀速都儿剌不，定汉言，昼夜时刻之器。[①]并详细记载了每件仪器的样貌、结构、功用。

在这 7 件天文仪器中，3 和 4 是阿拉伯的天文仪器，分别用以测定春秋分和冬夏至。古印度斋普尔天文台存有与其类似的天文仪器。1728 年，辛格二世（Sawai Jai Singh II）设计建造这一天文台，这座天文台建造的时代属于莫卧儿王朝，带有明显的阿拉伯风格。《元史·天文志》记载的形制、结构、刻度等与上述天文台遗存的实物具有相似性，从另外一个侧面说明扎马鲁丁继承的是悠久的阿拉伯天文仪器传统。江晓原认为，其余的 5 件天文仪器"古希腊天文学中即已成型并采用者，此后一直承传不绝，阿拉伯天文学家亦继承之"，尤其第 7 件星盘，"古希腊已有之，但后来成为中世纪阿拉伯天文学的特色之一"。[②]

《元史·天文志》所述"扎马鲁丁造西域仪象"的"造"一字是符合事实的。扎马鲁丁"西域仪象"是一个制造的过程，迄今为止尚无充分证据能够说明扎马鲁丁将阿拉伯天文仪器的制造"创造"到新的层次。扎马鲁丁曾在西域天文台工作，一说是在波

---

① 宋濂，1976 年，第 998—999 页。
② 江晓原，《元代华夏与伊斯兰天文学接触之若干问题》，《传统文化与现代化》1993 年第 6 期。

图 2-3　印度斋普尔天文台日晷 ①

图 2-4　印度斋普尔天文台日晷的刻度

---

① 印度斋普尔天文台的天文仪器是古代世界最大的天文仪器。日晷高度 90 英尺，基座长 147 英尺，圆周半径是 49 英尺 10 英寸。斋普尔天文台的制造者辛格二世，通晓梵文和波斯文。该天文台反映出阿拉伯文化对莫卧儿帝国产生的重要影响。

斯的马拉加城天文台，另一说在今乌兹别克斯坦的布哈拉天文台，他相当熟悉这些阿拉伯天文仪器。这些都是阿拉伯天文学家观测天空的必要工具。此前古代中国没有类似的天文仪器，由此奠定了扎马鲁丁天文仪器在古代中国天文学史上的重要地位。比如"鲁哈麻亦渺凹只"和"鲁哈麻亦木思塔余"，在春秋分和冬夏至的观测上相当精确，某些方面优于古代中国天文仪器。

《元史·天文志》所述"扎马鲁丁造西域仪象"的"造"字，说明扎马鲁丁不是从西域带来这7件天文仪器，他是在中国设计和制造这7件天文仪器的，这在古代中国天文学史上是空前的。或许混天仪还有可能从西域带来，但类似"春秋分晷影堂"只能在现场建筑、制造。扎马鲁丁在元代中国的创举固然得益于他亲身的阿拉伯天文观测的经历，更重要的是蒙古帝国统治者的支持。这些天文仪器的试制需要大量的经济支持才能制造。

应当说，扎马鲁丁带入中国的是古代阿拉伯天文传统。所谓传统，它必须是连续的。聚集在扎马鲁丁周围的是一群阿拉伯天文学家，他们的共同努力把元大都和元上都回回天文台变成了当时中国的阿拉伯天文学中心。这一阿拉伯天文学传统跨越了元代直到明初，无论是天文的测量还是历法的编制，阿拉伯天文传统一直牢固地存在着，以后成为明初编制《回回历》的基础。在这一意义上，扎马鲁丁建造回回天文台的最大价值是"移植"阿拉伯天文学传统到中国。这一移植成功了吗？它做到了本土化、由本土思想传统所消化和吸收吗？这是一个有趣的问题。

三、回回天文台的阿拉伯语书籍

《秘书监志》卷七记载有扎马鲁丁主持回回天文台的诸多史料，成为我们理解回回天文台的机构设置、运行机制、整体状况的重要文献。在这一卷中记载有司天监收藏的图书情况。"至元十年十月，北司天台申：本台合用文书经计经书二百四十二部。本台见合用经书一百九十五部。"具体名称与今译参见下表：[①]

《秘书监志》原书名与今译对照表

《秘书监志》中的作者、书名、部数	今译名称
兀忽列的《四擘算法段数》十五部	欧几里德《几何原本》
罕里速窟《允解算法段目》三部	《知识和学问》
撒唯那罕答昔牙《诸般算法段目并仪式》十七部	《几何学》
麦者思的《造司天仪式》十五部	托勒密《天文学大成》
阿堪《诀断诸般灾福》□部	《诸星判诀》
蓝木立《占卜法度》□部	《沙卜》
麻塔合立《灾福正义》□部	《占卜必读》
海牙剔《穷历法数》七部	《七洲形胜》
呵些必牙《诸般算法》八部	《算学》

[①] 原书名参见高荣盛点校，《秘书监志》，浙江古籍出版社，1992年，第129—130页。汉语译名参照马坚《〈元秘书监志·回回书籍〉释义》，载中国社会科学院民族研究所回族史组编，《回族史论集》，宁夏人民出版社，1984年，第193—198页。

续表

《秘书监志》中的作者、书名、部数	今译名称
《积尺诸家历》四十八部	《天文历表》
速瓦里可瓦乞必《星纂》四部	《星象问答》
撒那的阿剌忒《造浑仪香漏》八部	《仪器的制造》
撒非那《般法度纂要》十二部	《宝筏》
提点官家内诸般合使用文书四十七部：	
亦乞昔儿《烧丹炉火》八部	《点金术》
忒毕《医经》十三部	《医学》
艾竭马答《论说有无源流》十二部	《智慧》
帖里黑《总年号国名》三部	《年代》
密阿《辨认风水》二部	《幽玄宝鉴》
福剌散《相书》一部	《相术》
者瓦希剌《别认宝具》五部	《宝石》
黑牙里《造香漏并诸般机巧》二部	《技巧》
蛇艾立《诗》一部	《诗歌》

　　就笔者所见，马坚先生最早发现"兀忽列的《四擘算法段数》十五部"是欧几里德《几何原本》，他亦认为"麦者思的《造司天仪式》十五部"是托勒密（Claudius Ptolemaeus）的《天文学大成》。这一发现把欧几里德《几何原本》传入中国的年代从明末清初提前到了元代，提前了三百年。进一步引申的问题是，为何欧几里德《几

何原本》在元代没有汉译本呢？欧几里德的几何学传统为何没有影响中国，《天文学大成》为何也没有汉译本？欧几里德的几何学和托勒密的天文学传统对阿拉伯天文学传统影响极大，来自古希腊罗马的这两个传统为何没有对古代中国的思想传统产生重大的影响呢？

第一个应当注意的事实是，语言问题。《秘书监志》所列的是回回天文台阿拉伯语书籍。马坚先生逐一分析了这些书籍的阿拉伯语发音，并且认为回回天文台申报给秘书监的是汉语音译名、汉语意译名和卷数，音译名和意译名都有不够准确的地方。迄今为止尚未见到这些书籍的汉译版本，或许这些书籍从来没有汉译过。极有可能以扎马鲁丁为代表的这些阿拉伯天文学家的主要工作语言是阿拉伯语或波斯语，他们没有主动的意识，或者没有现实的强烈要求把这些阿拉伯语的天文学书籍翻译成汉语。

元代在古代中国历史上是一个相当独特的朝代，元代上层是胡人说胡语，与清代上层满人习汉语是不同的。张帆先生指出："与其他朝代不同，元朝皇帝大多不通汉语，对文言尤为隔膜，因此对这类诏书（指汉文诏书）不能直接审阅，而是要由翻译人员进行讲解之后方才批准颁布。如至元二十四年立尚书省时，赵孟頫奉命草诏，'援笔立成'，忽必烈'闻大旨，召近臣译以对，喜谓公曰：'卿言皆朕所欲言者。'自是国有大议，必与咨询。'""元朝上层统治集团汉化迟滞，不仅皇帝，很多担任丞相要职的大臣也不熟悉汉文汉语。"① 直到熟悉儒家学说和能够书写汉语的元仁宗时，才重新开启了科举考试，开始把儒家经典《尚书》、《大学衍义》和《贞观政要》、《资治通鉴》等书籍翻译成蒙古文，要求蒙古人、色目人等学习。即便如此，这些汉语文献也是翻译成蒙古语，蒙古统治者仍然无须学习汉语。

第二个应当注意的事实是，民族问题与社会结构。在回回天文台工作的这一群阿拉伯天文学家属于色目人。元代出于统治的需要把人分为四等，蒙古统治者是第一等，色目人是第二等，中国北方人是第三等，中国南方人是第四等。在这样的阶层划分体系中，阿拉伯天文学家的社会地位仅次于蒙古人，其地位要高于汉人。在当时的元大都和元上都，这一群天文学家平时说的是阿拉伯母语，他们阅读的书也是阿拉伯语文献，他们依靠翻译与汉人沟通天文学或者其他领域的知识。置身于这样的社会结构中，他们没有强烈的动力学习汉语。即便他们希望学习新的语言，也应当首选蒙古语而不是汉语。学习蒙古语或有可能与高层统治者接触，学习汉语只能与更低阶层的汉人群体接触，显然前者更有前途，更具有现实利益。另一方面，从语言学习的难易度而言，蒙古语更容易掌握一些。蒙古语属于蒙古语族，中亚的哈萨克语、乌兹别克语等属于突厥语族，它们都属于阿尔泰语系；汉语属于

---

① 张帆，《元朝诏敕制度研究》，《国学研究》第 10 卷，北京大学出版社，2002 年，第 126—127 页。

不同于阿尔泰语系的汉藏语系。

　　第三个应当注意的事实是，即便在蒙古人统治的时代，天文学也是秘学。"司天之隶秘省，因古制也。"[1] 元代是禁止私人学习天学的，"限外收藏禁书并习天文"是犯罪行为。"至元三年十一月十七日，中书省钦奉圣旨节该：据随路军民人匠，不以是何投下诸色人等，应有天文图书、太乙雷公式、七曜历、推背图，圣旨到日，限壹佰日赴本处官司呈纳。候限满日，将收拾到前项禁书如法封记，申解赴部呈省。若限外收藏禁书并习天文之人，或因事发露，及有人首告到官，追究得实，并行断罪。钦此。"[2] 因此，这些秘书仅在阿拉伯天文学家内部流传，到了明代它们仍然收藏在钦天监，只有到了明末清初才流落到民间。马坚先生从刘智这段话发现这些书籍的最终流传，他在《天方至圣实录》中写道："向也，吾欲著三极会编，苦无其学。遍求书肆，天地人三者之书言多陈腐无实。求之天方之书，无从可得。早思夜皇，俄于京师得诸吴氏藏经数十册，皆西国原本。自元世载入，藏之府库，而为流寇发出者。天文地理之学，思过半矣。继而于秦中复得人镜经、格致全经，而三极之学皆在焉。"[3]

　　席文认为，《授时历》受外来影响很小，这是蒙古统治者的统

----

[1] 高荣盛，1992年，第115页。

[2] 郭成伟点校，《大元通制条格》，法律出版社，1999年，第328页。

[3] 马坚，1984年，第193—198页。

治政策造成的，"忽必烈及其后继者限制不同种族人员之间的知识
交流，好让自己享有多种选择的特权，而不使不同种族的臣民联
手反抗"。[①] 席文所述的"蒙古统治者的统治政策"的影响是复杂
的，既有语言的问题，又有社会结构的问题，以至于尽管此时已
经具备翻译的条件和可能性，这一群天文学家从未有过汉译的想
法。陈久金先生写道："从《秘书监志》所载回回天文书籍的名称
可以知道，当时札马鲁丁等回回天文学家已将《几何原本》、《球
面天文学》等西方经典著作传到了中国，这对于中国天文学家学
习阿拉伯天文学并弄懂它们的科学原理是绝对必要的。当时在元
上都司天台也确实具有一批学有专长的回回学者，如果注意发挥
他们的作用，当时完全有可能将这些中国所缺少的科学著作翻译
介绍到中国来。可惜当时的元朝政府没有加以重视，明初对回回
天文书籍的翻译高潮中也未做到这一点，直到明末的徐光启等人
在耶稣会士的帮助下才完成了这项使命。"[②]

四、回回司天台与汉人司天台的关系

元代既有回回天文台，又有汉人天文台，这在元之前的古代中
国天文史上是绝无仅有的。关于回回天文台和汉人天文台的记载，

---

① 席文，《为什么〈授时历〉受外来的影响很小？》，《中国科技史杂志》2009
年第 1 期，第 27—30 页。
② 陈久金，1996 年，前言，第 3 页。

《元史》和《元秘书监志》有详细记载，可以互相补充和印证：《元史》记载了司天监和回回司天监的独立设置，以及机构各职位的名称、人数和官品，但是没有记录这两个天文台的关系，以及这两个天文台合并的细节；《秘书监志》记载了司天监和回回司天监的各自职责、所用书籍、日常观测仪器，乃至选拔的试题等，尤其记载了这两个天文台合并的事情。现在将《元史》关于这两个机构设置的记录进行比较：

司天监与回回司天监的机构变动对比 [①]

司天监	回回司天监
司天监，秩正四品，掌凡历象之事。	回回司天监，秩正四品，掌观象衍历。
	世祖在潜邸时，有旨征回回为星学者，札马剌丁等以其艺进，未有官署。
中统元年（1260），因金人旧制，立司天台，设官属。	
至元八年（1271），以上都承应阙官，增置行司天监。	至元八年，始置司天台，秩从五品。
十五年（1278），别置太史院，与台并立，颁历之政归院，学校之设隶台。（《授时历》是至元十八年实施的历法）	

---

① 宋濂，1976 年，第 2296—2297 页。

续表

司天监	回回司天监
	十七年（1280），置行监。
二十三年（1286），置行监。二十七年（1290），又立行少监。	
皇庆元年（1312），升正四品。	皇庆元年，改为监，秩正四品。
延祐元年（1314），特升正三品。	延祐元年，升正三品，置司天监。
	二年（1315），命秘书卿提调监事。
	四年（1317），复正四品。
七年（1320），仍正四品。	

　　汉人司天监来自金人遗留的天文台。《元史》有两段记载可资借鉴，一是，"宋自靖康之乱，仪象之器尽归于金。元兴，定鼎于燕，其初袭用金旧，而规环不协，难复施用。于是太史郭守敬者，出其所创简仪、仰仪及诸仪表，皆臻于精妙，卓见绝识，盖有古人所未及者。"[①]二是，"中统元年，因金人旧制，立司天台，设官属。至元八年，以上都承应阙官，增置行司天监。十五年，别置太史院，与台并立，颁历之政归院，学校之设隶台。二十三年，置行监。二十七年，又立行少监。皇庆元年，升正四品。延祐元年，特升正三品。七年，仍正四品。"[②]金朝曾经在金中都（今北

---

① 宋濂，1976 年，第 989 页。
② 宋濂，1976 年，第 2297 页。

京）建成规模庞大的司天台，所用天文仪器来自金攻破北宋都城汴京的天文台。1214 年，金人在蒙古的打击下被迫南迁汴京，很有可能此时司天台随之南迁，也有可能部分大型仪器留在北京，由蒙古人获得。1234 年，金朝灭亡，蒙古人接管金朝的天文台和天文学家。1260 年，蒙古人建立了元上都。他们沿袭金人的旧制设立司天台，也沿用金代的《大明历》。"元初承用金《大明历》，庚辰岁，太祖西征，五月望，月蚀不效；二月、五月朔，微月见于西南。中书令耶律楚材以《大明历》后天，乃损节气之分，减周天之秒，去交终之率，治月转之余，课两曜之后先，调五行之出没，以正《大明历》之失。"①

　　回回司天监来自征召的阿拉伯天文学家。蒙古人最早选用西域天文学家进行"历象"，以后这些天文学家跟随蒙古统治者东西征战，这是司天监的前身。"国初西域人能历象，亦置司天监，皆在秘府，虽或合或离，而事务之禀授，讵容不次诸简末。"②《元史·百官志六》有记载："世祖在潜邸时，有旨征回回为星学者，札马剌丁等以其艺进，未有官署。至元八年，始置司天台，秩从五品。十七年，置行监。皇庆元年，改为监，秩正四品。延祐元年，升正三品，置司天监。二年，命秘书卿提调监事。四年，复正四品。"③"札马剌丁等"表明是多位天文学家被征召，1271 年扎

---

① 宋濂，1976 年，第 1119 页。

② 高荣盛，1992 年，第 115 页。

③ 宋濂，1976 年，第 2297 页。

马鲁丁被任命为元上都回回司天台提点（台长），此时聚集在扎马鲁丁周围的是一个阿拉伯天文学家群体，它成为中国本土研究阿拉伯天文学的中心。

从整个汉人司天监和回回司天监的机构设置历程来看，这两个机构的官品都是相同的，而且它们的官品变动是同时的。第一，它们都是正四品的机构。第二，它们都是皇庆元年（1312）升正四品。第三，它们都是延祐元年（1314）升为正三品。到了延祐七年，汉人司天监恢复到正四品，更早一些的延祐四年，回回司天监恢复到正四品。

早在 1271 年是否存在着同一个机构，两种体制，这是未见国内学者涉及的问题，他们多涉及 1273 年汉人天文台与回回天文台同归秘书监管理的事情。1271 年元世祖忽必烈改国号为大元，《元史》和《元秘书监志》都提到这一年的机构变动。关于回回司天监的记载有"至元八年，始置司天台，秩从五品"。李迪先生现场参与了元上都的遗址考察，认为这里有回回天文台的遗址。[①] 回回司天台的存在应当无疑。

这里应当注意的是，司天台和司天监是不同的。至元八年设置的是回回天文台，但这一年同时"以上都承应阙官，增置行司

---

① 陆思贤，李迪，《元上都天文台与阿拉伯天文学之传入中国》，《内蒙古师院学报（自然科学版）》1981 年第 1 期，第 80—89 页。李迪，《元大都天文台复原的尝试》，《中国科学技术史论文集》（一），内蒙古教育出版社，1991 年，第 310—320 页。

天监"。"司天监"的级别应当高于五品的回回"司天台"，笔者的依据是回回天文台"皇庆元年，改为监，秩正四品"。这段话说明到 1312 年才从司天台改为司天监，官品提高了一级。因此，在 1271 年，处于元上都的司天监既掌管回回天文台，又掌管汉人天文台。由于沿袭金人的汉人天文台在北京或在汴京，迄今未见文献说明汉人天文台在元上都搬迁或者新设的记录，元上都的司天监异地管辖汉人天文台，这是否说明这一时期司天监存在着"一家两制"，即同一个司天监内，汉人天文台和回回天文台施行不同的机制？

　　回回天文台和汉人司天台是相对独立的。回回天文学和古代中国天文学属于完全不同的天学传统，各自拥有不同的学习文本和计算方法、不一样的测量仪器和观测的方法，乃至截然不同的宇宙模型。《秘书监志》详细记载了汉人司天台的人员选拔试题、培养人员所用的书籍、日常所用的观测仪器，都是依据古代中国天学传统而设置，或者说沿袭旧制。元代的司天台的经书学习分为三个部分，一是天文，二是地理，三是占卜。有天文、算历、三式、测验、漏刻等五科，《秘书监志》所习天文经书有《宣明历》、《符天历》、《晋天文》、《隋天文》、《宋天文》等，地理方面有王朴《地理新书》，占卜经书有吕才《婚书》、《周易筮法》、《五星》等。此外，还有司辰漏刻科，学习应用中国天文仪器观测天象。

　　《秘书监志》关于两个天文台的合并有三处记载，第一，1273

年这两个天文台按照圣旨"都交秘书监"管理,"至元十年闰六月十八日,太保传,奉圣旨:回回、汉儿两个司天台,都交秘书监管者。"① 如果这样的话,1271 年"增置"的司天监是否还在呢? 它是否撤销? 还是它仍然同时监管回回、汉人司天台,并归秘书监管理? 第二,1274 年有两个天文台合并的圣旨。"至元十一年十月初七日,太保大司农奏过事内一件:'钦奏回回、汉儿司天台合并做一台呵,怎生?'奉圣旨:'那般者。'钦此。"② 第三,1276 年扎马鲁丁担任"秘书监""提点司天台官",负责整个天文台的管理,并按照 1273 年的圣旨合并司天台。"至元十三年正月二十一日,准秘书监可扎马剌丁关该,奉中书省判送、为秘书监扎马剌丁呈,钦奉宣命,不妨本职兼提点司天台官;其司天阴阳人员应行公事,并不一处商议,请依奉都堂钧旨,照拟回关事。准此,照得至元十年十月内钦奉圣旨,合并司天台。"③

　　这段文本也显示出,这两个天文台同归秘书监管理,它们是独立运作的。第一,它们是各自独立上奏。"又蒙太保省会,奉圣旨:'司天台虽合并了,回回、汉儿阴阳公事,各另奏说。'钦此。""所据司天台虽是合并,明有奏准圣旨:回回、汉儿阴阳公事,各另闻奏。"④ 第二,"瞻候"、"选卜"专属汉人天文台负责。

---

① 高荣盛,1992 年,第 115 页。
② 高荣盛,1992 年,第 116 页。
③ 高荣盛,1992 年,第 126 页。
④ 高荣盛,1992 年,第 126 页。

"本台瞻候、选卜一切事理，唯是依凭阴阳文书，以为法则。即目各科所用文书，除历经权行校勘外，其余典籍，未曾校正。所据阴阳人各家私收文字，递相差错，不能归一。"第三，这两个天文台"并不一处商议"。"其司天阴阳人员应行公事，并不一处商议。"这段文本说明这两个天文台没有展开大规模的内部交流，彼此商议的时候不多。

　　尚未见到史籍关于扎马鲁丁是否通晓汉文的记录。如前所述，蒙古统治高层大多是不通汉语的。一种很大的可能性是，扎马鲁丁不懂汉语，他担任司天台的提点时，只能依靠翻译与汉人司天台的天文学家进行管理和交流。由于这两个天文台"并不一处商议"，彼此互动的机会也不是很多，扎马鲁丁最重要的工作是负责回回天文台与汉人天文台的"合行"。"本官自合钦依元授宣命，提点回回阴阳公事。即不知本台回回官员不行一处商议事理。今准前因，当监议得司天台一切回回阴阳公事，本台掌管回回阴阳官员，合行依旧经由提点扎马剌丁商议处置，回关照验。"[①]这两个天文台平时都是依照各自的机制行事，关于天象的记录和相关的预测也是各自上报；遇到两个天文台涉及同一个事情，比如最终采纳哪一个天象推算，则由扎马鲁丁最终决定。

---

① 高荣盛，1992 年，第 126 页。

五、结语

元代以扎马鲁丁为代表的阿拉伯天文学与古代中国天文学传统的交流，是元代天文学发展到新高峰的重要动力，也是中外科学交流史上的亮点之一。元代颁行了西域扎马鲁丁的《万年历》，这在古代中国历史上是少见的；扎马鲁丁创建回回天文台，形成"一监两制"——回回司天台与汉人司天台并立，各自沿袭截然不同的天文学传统，这在世界天文史上是极其少见的；回回司天台将《几何原本》和《天文学大成》带入中国，这是迄今为止发现《几何原本》在古代中国的最早记载。然而遗憾的是，《几何原本》在这一时期未有汉译本，未见西欧科学传统在中国的传播；回回司天台与汉人司天台天文学传统的互动程度不够，各自仍然沿着各自的传统发展。这一重大史实的原因，尚有待学者进一步探究。

第三章　丝绸之路上的医学

　　丝绸之路上的医学包括中医学和中医药。前者是第一节的内容，后者是第二节的内容。关于中医，中医内科的历史研究可谓汗牛充栋，本章侧重国内较少关注的中医外科，在分析中采用了"外科手术传统"的概念，既注重基本面的中医外科传统形成的历史建构，又注重中医外科传统中外来因素的影响，以此澄清中医外科史上的许多争论，阐明中医外科既有本土传统的形成和发展，又有印度眼科传统的植入。

　　关于丝绸之路上的中医药，外来医药在中医药中占据着重要的地位，它们大多是通过陆上和海上丝绸之路引种到中国，从而成为本土的药物，比如石榴、苜蓿等。本章侧重的是外来医药始终没有移植成功，但又是中药的上品药物，以此说明丝绸之路对于中药的重要性。本章选取乳香为外来中药的典型，它既是上品中药材，又是一种香料，完全依靠进口，在长达千年的时间里一直是古代中国大宗进口的药材。

第一节　外科手术传统在古代中国的形成

　　学术传统是"学术进化之史迹"。外科手术传统是指由专门训练的人从事较为复杂的手术，并且有明确的外科诊断，明晰的手术程序，较为完备的手术器械。此概念区别于外科手术而成为古代中国外科史分析的基本概念。按照此概念，古代中国外科手术传统的形成不是 5000 年前的开颅手术，也不是 2500 年前的腹部缝合术，更不是上古俞跗与战国扁鹊的外科手术，同样不是比附印度佛教故事的华佗外科手术。古代中国外科史从汉代《五十二病方》的割除内痔手术开始有明确记载，隋代《诸病源候论》的腹部肠缝合术标志着古代中国外科手术传统的确立，古印度而来的眼科手术传统在唐代逐步融入中国，唐代蔺道人《理伤续断方》标志着古代中国骨科传统的创立。以此反观唐代，"切腹而能缝治愈之"和"以利刀开其脑缝"的外科手术缺乏"学术进化之史迹"，无法构成古代中国外科手术传统。

一、外科手术传统概念：古代中国外科史分析的视角

　　古代中国外科手术最早从哪里开始？一直以来，史学界持续争论而未有定谳。一是诸如扁鹊及《三国志》中相关人物、外科手术，具有多大程度的真实性，究竟是传说、神话还是信史？二是诸如华佗之类的人物及其外科手术，它们是由外来因素的影响所致，还是古代中国独立创造？陈寅恪在《三国志曹冲华佗传与佛

教故事》中认为，华佗的外科手术传说是印度佛教故事比附于华佗所致。在更早的公元前 5 世纪，古印度《妙闻集》中已有外科手术的极其详细的论述。它远比古代中国的外科手术要早，亦有可能随着佛教传入中国。

陈寅恪关于古代外科手术分析的"学术进化之史迹"观念值得重视。[①] 笔者将其称为"学术传统"，它转换了古代中国最早外科手术有还是无的问题——比如扁鹊和华佗是否存在，即以前后相续的学术谱系作为研究对象。如果停留于扁鹊或华佗外科手术有还是没有的问题，它或许无解，或许永远没有恰当的答案；如果我们转而把外科手术看作一种学术传统，那么历史上任何昙花一现或转瞬即逝的发现如若具有重大意义，应当有知识的前后传承关系，它应当纳入持续性的学术传统框架内得到有效的阐明。

"外科手术传统"一词有着特定的内涵。第一，外科手术传统是指较为复杂的外科手术。古巴比伦汉穆拉比法典记载有骨折等外科手术，古埃及人已经开始包皮环切手术，木乃伊的制作也显示出他们包扎和解剖领域的成就，但这些手术的复杂性远没有达到古希腊罗马开颅手术治疗脑部肿瘤引发的失明，以及古印度的膀胱结石切除、鼻子整形手术的水平。这些手术由于较为复杂，往往是由受到专门训练的人来从事。《希波克拉底文集》卷九表

---

① 陈寅恪，《三国志曹冲华佗传与佛教故事》，《寒柳堂集》，三联书店，2001年，第 179 页。

明，希波克拉底已经掌握了开颅治疗颅高压造成的视力障碍。"当眼睛毫无显著病症并失明时，可以在头顶部切开，把柔软的几部分分开，穿过头骨，使液体全部流出。这是一种疗法，用此法病人便能治愈。"① 《希波克拉底文集》中有一章《论头外伤》(On Injuries of the Head)。文中第一次分类并提出了不同类型头外伤的治疗方法。"这几种形式的骨折和挫伤不管能否看见及有无骨裂伤，都需要进行环钻术探查。若多刃器还留在骨头上，无论有无骨折或挫伤，同样需要环钻治疗。但是凹陷性骨折只有范围不大时才用环钻术。若单纯多刃器损伤而无骨折及挫伤，可不必实行环钻术。骨裂伤严重时亦不用环钻术。"② 他在论文中详细记录了环钻术的手术方法，要注意防止损伤硬膜，钻孔时要不时地用水降温；不应当在颅缝上钻孔；钻孔需要耐心和时间，钻孔过程中要不时地停下来观察和用探条探察钻孔的深度和剩余骨的活动度。

　　第二，外科手术传统应当有明确的外科诊断，明晰的手术程序，较为完备的手术器械。三千多年前的古巴比伦人已经能够使用铜制手术刀，古埃及人埃伯斯纸草记录有大量的疾病诊断及其药物，"埃及所用的外科器械，第一是刀，最古时或为石制，其后用铜，更后用铁。人们认为埃及人在公元前 1600 年已知用铁。他

① 马伯英，高晞，洪中立，《中外医学文化交流史——中外医学跨文化传统》，文汇出版社，1993 年，第 250 页。
② 《希波克拉底文集》，赵洪钧、武鹏译，安徽科学技术出版社，1990 年，第 157 页。

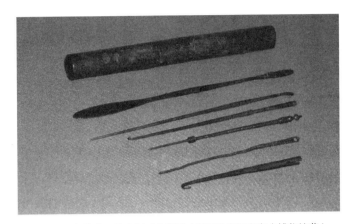

图 3-1　庞培出土的外科手术器械（那不勒斯国家考古博物馆藏）

们用刀剃毛，切开脓肿（例如耳旁的脓肿），并摘除肿瘤。在治疮疡章中，详记敷裹方法：用麻布做绷带，敷以没药和蜜，如此敷裹四天。还有多种治烧伤的药方。此外还有治肿瘤的方法，特别是颈部肿瘤，这种肿瘤显然较为常见，知道得也较清楚。治肿瘤皆用刀割"[①]。但只有到了公元前 5 世纪的古希腊的《希波克拉底文集》和古印度《妙闻集》才系统描述了外科的诊断、手术的流程和极为丰富的手术器械。《妙闻集》集中反映出古印度外科手术的发达程度。该书记录了鼻成形术、白内障摘除术、膀胱截石术、腹腔穿刺术、环钻术、排脓术和割痔术等各种外科手术；记录的外科器械包括十字钳、镊子、类撬锁器、管状器、探条等钝器和刀、剪、锯、尖针、斧、钩等锐器两大类；还记述了外科人员的

———————————————

① 卡斯蒂格略尼，《世界医学史》第一卷，商务印书馆，1986 年，第 60 页。

培训一般要求先在模型上，继而在动物尸体上练习，最后才在人体上操作手术。

简言之，全球范围内最早的外科手术传统是从古希腊和古印度各自独立开始的。从中国医学的历史发展来看，中医内科传统在长沙马王堆出土的《五十二病方》中已经有所展现，到《黄帝内经》那里明确形成了自身独立的传统，并延续至今。中医外科缺乏像中医内科那样脉络分明的学术传统的形成，从时间上看古代中国外科手术的记录要晚于古希腊和古印度，无论扁鹊还是华佗，后者记录都出自公元3世纪陈寿所撰的《三国志》，这一时代佛教已经通过海上丝绸之路和陆上丝绸之路大规模传入中国。但不能因此简单断言古代中国外科手术传统源于古希腊和古印度，古代中国的外科手术传统既有其自身发展的逻辑，又有外来因素的促进，在隋唐之际形成自主的外科手术传统。此观点暗含着另一种看法，迄今为止的历史材料尚无法说明在隋唐前中国已经形成自主的外科手术传统。

二、前"古代中国外科手术传统"的发展

1. 古代中国有开颅手术，这不能说明存在有中国自主的外科手术传统

2001年，山东广饶县傅家村发现了5000年前做过开颅手术的头骨。该颅骨右侧顶骨有31×25mm椭圆形缺损，有专家认为："山东广饶傅家遗址392号墓属于大汶口文化中期阶段，距今5000

年以前，该颅骨的近圆形缺损应系人工开颅手术所致。此缺损边缘的断面呈光滑均匀的圆弧状，应是手术后墓主长期存活、骨组织修复的结果。……因此，这是中国目前所见最早的开颅手术的成功实例。"[1] 该古墓出土了尖锐的玉器，虽不能证明此玉器与开颅手术之间的关系，但说明新石器时代已经能够加工较为尖锐的玉器，有可能以此替代石器作为手术工具。韩康信发现，在距今5200年到3000年之间，中国的北方这类开颅头骨有31例之多。[2]

笔者认为，开颅术不能被看作古代中国外科手术传统的起始，它不符合外科手术传统应当有明确诊疗目的的界定，多达31例的开颅术无法说明它们用于医疗目的。因此，可以称其为术，但不能说它们是外科"手术"。在新石器时代，开颅术可以说是世界各地普遍盛行的现象。卡斯蒂格略尼（Arturo Castiglioni）认为："此种曾行穿颅术的颅骨于世界各地均有发现。此点可以说明古代医学与现今落后种族的医学相似。实际上在较近的年代里，在俾斯麦群岛、玻利维亚和秘鲁等地，有些部族仍用原始方法实行穿颅术。"[3] 开颅术的盛行，在很大程度上是魔术或者巫术的目的。"1875年，普卢尼埃尔（Prunieres）和布罗卡得（Brocard）首先报

① 何德亮，《我国最早的外科手术——广饶傅家遗址发现的开颅头盖骨》，《齐鲁文史》2007年第4期，第41页。
② 陈星灿，傅宪国，《史前时期的头骨穿孔现象研究》，《考古》1996年第11期，第62—74页。
③ 卡斯蒂格略尼，1986年，第34页。

告，在新石器时代穿颅术为常行的手术，这是我们已有客观证据
可以证明的最古老的手术。穿颅术的施行起始或由于摘除颅骨骨
折的骨片，然后可能是本于魔术的理由施行，最常见的部位是前
顶，其次是额部，也见于颞部。"①

其次，它不符合外科手术传统的界定，开颅术仅限于考古出
土的头骨，缺乏更充分的考古资料说明他们能够采用丰富的手术
器械进行手术。而且，新石器时代尚未有文字形成，没有文献阐
明它们明确的手术程序和方法。开颅术在全球原始部落和新石器
时代普遍出现，从外科的观点来看，它的出血量较少，从而对止
血的要求低，术中和术后发生感染的概率要小得多，从而对外科
手术的程序和外科手术器械的要求都较低。古代开颅术多采用锐
利的石头或者玉器，此开颅法能够迅速完成。"由于穿颅的骨缘有
新生骨，可见术后病人仍然生存。有时一颅上见有五个孔，是否因
生前反复痉挛为驱鬼而穿颅，或系于死后采取避邪骨所致，则不得
知。有时用交叉画线切除一小方块骨，据近代学者研究，用此法穿
颅历时仅半小时余即能完成。施术时常用催眠药使病人昏迷。"②

**2. 公元前 5 世纪新疆已有缝合术，但病人术后死亡，不能表
明其形成外科手术传统**

1991 年，新疆鄯善县苏贝希村发现距今约 2500 年的一具男

---

① 卡斯蒂格略尼，1986 年，第 33 页。
② 卡斯蒂格略尼，1986 年，第 34 页。

性干尸，"胸腹部发现了锐利的刀口，是用粗的毛发缝合的。这位武士创口没有愈合就离开了人间，给我们留下了远古时期人们对外伤处理的手术说明。应该说，多数手术是成功的"[1]。按照徐永庆、何惠琴的理解，这一手术很有可能是腹腔手术，手术没有能够挽救其生命。于赓哲先生认为："既然比剖腹手术还要复杂的古代开颅手术案例在内地屡有发现，我们就没有理由认定腹腔外科手术必然要由西部传入。"[2] 林梅村认为，考古新发现提醒我们注意，"曼陀罗花和印度医术可能在先秦时期就已经传入中国西部地区了"。[3]

笔者认为，目前为止，上述新疆案例仅此一例，它只能说明公元前5世纪新疆已经掌握了缝合术，而不能表明其形成外科手术传统。人类文明早期都有将破损的伤口进行处理的能力，甚至古埃及人已经掌握了包扎技术和包皮切割技术。新疆所见的案例是孤例，其腹部刀口极有可能是腹部受伤后进行缝合的，这暗含着它并非医生主动地打开腹腔，用以切除肿瘤或者其他目的，或许只是被动地进行缝合。

腹腔手术比开颅手术复杂似乎有违常理，但从外科手术的角

① 徐永庆、何惠琴编著，《中国古尸》，上海科技教育出版社，1996年，第24页。
② 于赓哲，《被怀疑的华佗——中国古代外科手术的历史轨迹》，《清华大学学报》2009年第1期，第84页。
③ 林梅村，《麻沸散与汉代方术之外来因素》，《汉唐西域与中国文明》，文物出版社，1998年，第334页。

度来看，它涉及手术的感染和止血，以及缝合和预后的问题，这些外科的要求要高于开颅手术。因此，外科手术传统不应当局限于缝合术，它应当包括止血的手段，清创和预防感染的程序，以及缝合后的预后等。只有这样才能够保证外科手术的规范性，提高手术成功率，并形成后世可以继承的传统。此孤例未能有效说明这些外科手术传统的必要内涵。仅就缝合术而言，中国外科手术传统是否受外来医学影响？此案例的缝合术不是非常复杂的外科手术，无法用以说明其外来医学影响。或许它有可能用到针和线，或许这一思路来自古印度的吠陀医学的启示。从此孤例断言中国外科手术传统源自古印度，不免证据不足。

3. 上古俞跗与战国扁鹊的外科手术：一段无法可信的历史

上古俞跗是 5000 多年前黄帝时代的人，《史记·扁鹊仓公列传》中记载俞跗"割皮解肌"手术："臣闻上古之时，医有俞跗，治病不以汤液醴洒，镵石挢引，案扤毒熨，一拨见病之应，因五藏之输，乃割皮解肌，诀脉结筋，搦髓脑，揲荒爪幕，湔浣肠胃，漱涤五藏，练精易形。"[①] 西汉韩婴在《韩诗外传》卷十写道：中庶子"吾闻中古之为医者，曰俞跗，俞跗之为医也，搦木为脑，芷草为躯，吹窍定脑，死者更生。"[②] 俞跗为上古黄帝时代的传说人物，一直流传到汉代，难以构成可信的历史。而且，"芷草为躯"

---

① 司马迁，《史记》卷一〇五《扁鹊仓公列传》，中华书局，1959 年，第 2788 页。
② 韩婴，《韩诗外传·附补逸 校注拾遗二》，商务印书馆，1939 年，第 129 页。

究竟是巫术还是外科医学，还是巫医不分？上古中国有巫医不分的传统，巫师掌握了一定的医学技能，他们利用自身的医学技能以神化其巫师的能力，其医学叙事的真实性可疑。

战国扁鹊为古代中医的宗师，如司马迁所说："扁鹊言医，为方者宗。守数精明，后世修（循）序，弗能易也。"关于俞跗的记录出自《史记》扁鹊的列传，它暗含着扁鹊已经掌握了俞跗"割皮解肌"的技巧并发扬广大，后世是以"割皮解肌"说明扁鹊外科手术的高超技能。实际上，扁鹊也是托名，借用上古神话中黄帝神医"扁鹊"的名号。扁鹊医术高明，擅长望色、听声而能知病之所在，他带领弟子到各地行医，因其医术高明而被尊称神医。

用扁鹊比附俞跗"割皮解肌"的技巧很难成为信史。比如，屡被后世提及的《列子·汤问》中扁鹊为两个活人换心的手术："鲁公扈、赵齐婴二人有疾，同请扁鹊求治。扁鹊治之。既同愈。谓公扈、齐婴曰：'汝曩之所疾，自外而干府藏者，固药石之所已。今有偕生之疾，与体偕长；今为汝攻之，何如？'二人曰：'愿先闻其验。'扁鹊谓公扈曰：'汝志强而气弱，故足于谋而寡于断，齐婴志弱而气强，故少于虑而伤于专。若换汝之心，则均于善矣。'扁鹊饮二人毒酒，迷死三日，剖胸探心，易而置之，投以神药，既悟如初，二人辞归。"[1]当代的外科手术无法做到两位活人的心脏互换，仅能移植刚死之人的心脏给病人。殊难想象，2500

---

[1] 杨伯峻，《列子集释》，上海龙门联合书局，1958年，第108页。

年前的扁鹊却做到了当代医学都无法做到的事情。无论此事真假，它至少不可能构成古代中国外科手术传统的一个链条。古代中国的外科手术是逐步发展起来，它不可能从起点就突兀地达到远超当代外科医学最高水平的程度。

4. 华佗："学术进化之史迹"恐难臻此

东汉时代的华佗配制麻醉药——麻沸散，施行全身麻醉，并进行高超的外科手术。《三国志》卷二九记载："若病结积在内，针药所不能及，当须刳割者，便饮其麻沸散，须臾便如醉死无所知，因破取。病若在肠中，便断肠湔洗，缝腹膏摩，四五日差，不痛，人亦不自寤，一月之间，即平复矣。"[①] 此卷记录有另外一则华佗诊断和外科手术的故事："又有一士大夫不快，佗云：'君病深，当破腹取。然君寿亦不过十年，病不能杀君，忍病十岁，寿俱当尽，不足故自刳裂。'士大夫不耐痛痒，必欲除之。佗遂下手，所患寻差，十年竟死。"[②]

《三国志》作者陈寿是三国和西晋史学家，其史学态度十分严谨。《三国志》正史人物与事情应当可信。然而，陈寿将华佗一事放在《方技传》中，其史学真实性亦有疑问。史学家陈寅恪在《三国志曹冲华佗传与佛教故事》一文中引《世骏三国志》补注中所说："审佗能此，则凡受支解之刑者，皆可使生，王者亦无

① 陈寿，《三国志》下，中华书局，1964 年，第 799 页。
② 陈寿，1964 年，第 801 页。

所复施矣。是昔人固有疑其事者。"①华佗只是古印度流传而来的故事，既然没有华佗此事，也就无所谓华佗其后的中医外科手术"失传"。

华佗传与曹冲称象的故事一样，不能排除古印度的影响。曹冲称象的故事古印度就已有之，三国时代已经通过佛教传入而为人所知，故有可能将其安在曹冲身上。类似的是，华佗的麻醉技术和外科技术在古印度吠陀时代已经有之，也可能随着佛教入华而传入，并安在华佗身上。华佗的时代是印度佛教传入中国的时代，古印度的僧人精通古印度医学，比如著名的僧人龙树善于医学，中国僧人学习古印度佛教时也有可能同时知晓古印度医学，稍晚的南北朝翻译名家鸠摩罗什曾经翻译过《妙闻集》。这一混入是自然而然的，以至于古印度的痕迹都被抹去而不为人所知。"陈承祚（陈寿）著《三国志》，下笔谨严。裴世期（裴松之）为之注，颇采小说故事以补之，转失原书去取之意，后人多议之者。实则《三国志》本文往往有佛教故事，杂糅附益于其间，特迹象隐晦，不易发觉其为外国输入者耳。"②

华佗突然出现然后消失，这有违于学术传统前后相继，后世继承或者发扬光大的发展模式。陈寅恪认为："夫华佗之为历史上真实人物，自不容不信。然断肠破腹，数日即差，揆以学术进化之

①陈寅恪，2001年，第179页。
②陈寅恪，2001年，第176页。

史迹，当时恐难臻此。其有神话色彩，似无可疑。"[①] 华佗在中医外科手术史的发展中显得突兀，此前缺乏一个坚强的外科手术传统，古代中医主要集中于望闻问切的诊疗和中药的实践，突然之间神医华佗出现。华佗的手术工具有哪些？比如，开刀的工具、缝合的工具、止血的工具，等等。麻醉药的成分是什么，它们从哪里采集而来？突然之间华佗形成的不是某一个局部的创新，它是一整套外科手术系统的创新，期望一个人而实现古代外科手术传统的构建，其前后缺乏"学术进化之史迹"，缺乏前后相贯的学术传承关系。

三、古代中国外科传统的确立过程

任何一个国家和地区的学术传统都不是突兀地、瞬间地形成，也不是依靠着某一位巨人的创造而完成一整套的系统创生，它是一个逐步发展的过程。比如，古希腊的外科手术受益于古巴比伦和古埃及的医学遗产。古代中国的外科手术传统也是逐步创建的，从文明早期去除脓肿、消毒杀菌、处理简单骨折，到汉代有了割除内痔的手术，以后逐步形成前后相继的中国外科手术传统，外科手术技巧和方法、诊断和治疗能够为后世所运用并连绵不断。

1.《五十二病方》的割除内痔手术：中医外科手术的最早记载

1972 年长沙马王堆汉墓 3 号墓中出土帛书《五十二病方》，这是迄今所见最早、最完整的古医方著作，涉及 103 种疾病的医方

---

① 陈寅恪，2001 年，第 179 页。

283 个，药名 254 种。3 号墓出土的一件木牍有"十二年十二月乙巳朔戊辰"字样，标志着该墓的下葬年代为汉文帝十二年（前168）。这部文献的年代早于《黄帝内经》，它对于理解中医学术传统的形成相当重要，出土后不久即有整理本。其中，《牝痔》篇记载了割除内痔的一整套外科手术。"巢塞直膔者，杀狗，取其脬，以穿籥，入直膔中，炊（吹）之，引出，徐以刀（劙）去其巢。冶黄黔（芩）而娄（屡）敷（二六二）之。人州出不可入者，以膏膏出者，而到（倒）县（悬）其人，以寒水戔（濺）其心腹，入矣（二六三）。"①

　　这是迄今为止笔者见到的中国外科手术的最早文献记载。我们知道，外痔在内服药物无效，外用药物也无济于事的情况下，可以直接切除。而内痔由于生长在直肠，采取直接切除的方法很困难。《五十二病方》的手术方法是：先杀一只狗取出它的膀胱，然后套在竹管上；接着把它从人的肛门处插入，插入到一定的深度；再接着，用嘴巴对着竹管吹，狗膀胱随之膨胀，挤压直肠下端的痔疮，直至引出到肛门外；最后用刀割去痔疮，在伤口上敷上黄芩以消炎止痛。如果直肠无法缩回原位，先在直肠上涂软膏，接着把人倒悬起来，将冷水泼在他的胸腹上，腹腔因受刺激而收缩，直肠马上缩回到腹腔中。

---

① 马王堆汉墓帛书整理小组编，《马王堆帛书五十二病方》，文物出版社，1979 年，第 92 页。

马王堆汉墓出土的病方有外科手术，但它不能等同于中国外科手术传统的形成。换言之，汉代有了外科手术是一回事，外科手术传统的形成是另外一回事。内痔的外科手术非常巧妙，它符合外科手术传统有诊疗目的、程序和器械的特征，但它不符合外科手术传统要求较为复杂的手术这一特征——内痔手术是通过巧妙的方法把内痔手术变成外痔手术，一般人很容易掌握这一手术方法。与此对照的是，古希腊与古印度都是由专门训练的人从事此项工作。换言之，此内痔手术的技能要求较低。

2.《诸病源候论》的腹部肠缝合术：古代中国外科手术传统的确立

隋朝医家巢元方《诸病源候论》卷三六《金疮肠出候》系统记录了断肠的诊断、断肠的缝合、缝合后的饮食禁忌，标志着古代中国外科手术传统的确立。"夫金疮肠断者，视病深浅，各有死生。肠一头见者，不可连也。若腹痛短气，不得饮食者，大肠一日半死，小肠三日死。肠两头见者，可速续之。先以针缕如法，连续断肠，便取鸡血涂其际，勿令气泄，即推内之。肠但出不断者，当作大麦粥，取其汁，持洗肠，以水渍内之。"[1]

在肠缝合术的治疗要领上，首先，在断肠诊断上，肠只能见到一头，或者两头都不可见则必死，只有肠两头可见才可诊治。

---

[1] 巢元方，《诸病源候论》，鲁兆麟点校，辽宁科学技术出版社，1997年，第173页。

而且，缝合必须迅速"续之"；其次，由于断肠的形状不是规则的，缝合应当"针缕如法"。"凡始缝其疮，各有纵横。鸡舌隔角，横不相当。缝亦有法，当次阴阳。上下逆顺，急缓相望。阳者附阴，阴者附阳；腠理皮脉，复令复常。但亦不晓，略作一行。"① 最后，断肠缝合手术后应当注意进食禁忌，术后先是米粥汤二十余日，然后是米粥百日，最后才可吃米饭。"当作研米粥饮之。二十余日，稍作强糜食之。百日后，乃可进饭耳。饱食者，令人肠痛决漏。常服钱屑散。"② "针缕如法"的缝合术还用于骨折碎骨后的皮肤缝合。巢元方注意到骨折后的碎骨必须去除，然后清创加以缝合，否则碎骨容易导致感染，"脓血不绝"。

　　巢元方的肠缝合术符合笔者所说的外科手术传统的界定，第一，它比较复杂，包括伤口的诊断，伤口的清创，尤其"针缕如法"的缝合方法，已经不是一般民众依据直觉经验可以操作，它必须由经过一定训练的人才可以完成。巢元方的肠缝合术远比新疆的腹部缝合术难度要大。第二，它有明确的文献记载，详细记录了诊断、治疗方法、预后处理等，其方法表述系统，可广泛运用于临床实践，具有学术传统的可继承性。

　　需要指出的是，巢元方所处的时代是古印度医学传入中国的时代，《隋书》卷三四《经籍三》记载有大量古印度医书的名称，

———————————

① 巢元方，1997 年，第 174 页。
② 巢元方，1997 年，第 173 页。

但笔者尚未见到肠缝合和骨折治疗的古印度医学影响，太医巢元方的著作《诸病源候论》更应当看作隋代中国外科手术的经验。从古代中国的骨科和外伤发展史看，到隋代已有较多的积累——周代就有专门负责外伤的疡医，《周礼·天官》记载疡医"掌肿疡、溃疡、金疡、折疡之祝药"；汉代居延烽燧遗址中出土《折伤簿》，署有"天凤元年"（前80）的字样，记载汉军的疾病统计、医护人员记勤、军队负伤人员的记录；晋代葛洪《肘后方》记载了沿用至今的夹板固定法治疗骨折。这些都构成了巢元方外科手术传统形成的基础。

3. 古印度而来的眼外科手术传统

季羡林先生在《印度眼科传入中国考》一文中考证道："唐代印度眼科医术已传至中国，而且流行相当普遍。"[1]唐代诗人白居易有《眼病二首》诗，一是："散乱空中千片雪，蒙笼物上一重纱。纵逢晴景如看雾，不是春天亦见花。僧说客尘来眼界，医言风眩在肝家。两头治疗何曾差，药力微茫佛力赊。"二是："眼藏损伤来已久，病根牢固去应难。医师尽劝先停酒，道侣多教早罢官。案上谩铺龙树论，合中虚撚决明丸。人间方药应无益，争得金篦试刮看？"[2]

季羡林认为："这些诗中有两件事值得注意：一件是谈到金

---

[1] 季羡林，《印度眼科医术传入中国考》，《国学研究》第2卷，北京大学出版社，1994，第559页。
[2] 谢思炜校注，《白居易诗集校注》第4册，中华书局，2006年，第1923页。

篦或金錍，一件是谈到《龙树论》。谈到金篦，当然指的是治白内障的工具。谈到《龙树论》，则指的是关于眼病的一部书。"① 这两首诗涉及白内障手术及其治疗，"金篦"是指治疗白内障的针具，用以将白内障的部分从眼部剥离，从而使面临失明的白内障患者复明。白居易的"僧说客尘来眼界"所指的是操作白内障手术的僧医。第二首诗谈到的《龙树论》，所指的龙树是公元 2 世纪的印度僧人，以后被尊称为龙树菩萨。《龙树眼论》（又名《龙树菩萨眼论》）也有可能隋唐年间托名"龙树菩萨"所撰。这本书记载了眼病的病因和治疗方法，尤其较详细地说明了针拨白内障的方法。无论《龙树眼论》是隋唐托名所作，还是公元 2 世纪的龙树所作，此书在唐代相当流行。唐代诗人刘禹锡《赠眼医婆罗门僧》赠给僧医，赞颂他们高超的"金篦术"，使得双眼有拨云见日之感："三秋伤望远，终日泣途穷。两目今先暗，中年似老翁。看朱渐成碧，羞日不禁风。师有金篦术，如何为发蒙？"②

　　东晋时代，古印度白内障手术已经有所记载，但尚未在中国广泛流行。谢思炜在上述白居易诗两首的校注中引北本《大般涅槃经》："佛言：善男子，如百盲人为治目故，造诣良医。是时，

① 季羡林，1994 年，第 557 页。
②《刘禹锡集》，卞孝萱校订，中华书局，1990 年，第 397 页。

良医即以金錍决其眼膜。"[1]昙无谶是印度僧人,他来到北凉后翻译
《大般涅槃经》,此经在中国影响极大。此经所述表明汉地文献中
开始有了印度"金錍"医术的记载。在古代印度,学习医学与学
习因明学一样都是僧人学习的五种知识之一,即古印度僧人有医
学传统和逻辑传统。东晋昙无谶很有可能描述的是印度僧医的情
形,尚未见在中国本土实行该手术的记载,也未见有广泛传播的
记录。随着佛经传入中国并且逐步扩大,印度的眼科医术随之传
入中国并且生根,渐渐融合本土医学传统。

4. 蔺道人《理伤续断方》: 古代中国骨科传统的创立

　　唐代蔺道人的《理伤续断方》标志着古代中国骨科传统的
形成。这部以骨科为中心的著作系统论述了骨科的诊断、治疗方
法、治疗药物和器械。[2]其一,这本书有着明确的诊断——封闭性
骨折、开放性骨折,后者又包括更复杂的骨头无法复位的开放性
骨折。其二,有手术器械和治疗药物,手术器械包括剜刀、雕刀,
操作的要点是手法要快。"所用刀,最要快,剜刀、雕刀皆可"。
蔺道人记录了包括黑龙散、风流散在内的多付外敷和内服药物。
其三,详细的手术流程,比如封闭性骨折,"只用黑龙散敷贴,后
来皮肉自烂,其碎骨必然自出来,然后方愈"。开放性骨折,"用

---

① 谢思炜,2006年,第1924页。
② 蔺道人,《理伤续断方》,王育学点校,辽宁科学技术出版社,1989年,第
　　4页。

风流散填涂，却用针线缝合其皮，又四围用黑龙散敷贴"。更严重
的脱位的骨折，"搌捺相近，争一二分，用快刀割些捺入骨，不须
割肉，肉自烂碎了，可以入骨。骨入之后，用黑龙散贴疮之四围
肿处，留疮口，别用风流散填"。外伤脱位的骨折，首先是搌捺，
"捺入骨"，通过"端挤提按法"把骨复位；其次是在无法人力复
位的情况下，用快刀割去一些骨头，从而实现骨头复位；最后用
黑龙散外敷。上述骨折的外伤皮肤不能采取缝合方法，肿处留下
疮口有助于排脓。

　　巢元方奠定了古代中国外科手术传统的基础，蔺道人发展出
古代中国的骨科传统——包括骨科的手术器械及其用法（包括手
术刀具和骨折夹缚）、治疗药物（黑龙散、风流散等数十种药物）、
较复杂的骨折诊断。巢元方的诊断和治疗相当细致，如髋部骨
折，"凡跨骨，从臀上出者，可用三两人，挺定腿拔伸，乃用脚捺
入。如跨骨从裆内出，不可整矣"。[①] 蔺道人把骨折治疗分为十四
个步骤："一、煎水洗，二、相度损处，三、拔伸，四、或用力收
入骨，五、捺正，六、用黑龙散通，七、用风流散填疮，八、夹
缚，九、服药，十、再洗，十一、再用黑龙散通，十二、或再用
风流散填疮口，十三、再夹缚，十四、仍用前服药治之。"中医骨
科处理的流程化有助于骨科人才的训练，有助于骨科传统的继承
和发展。

---

① 蔺道人，1989 年，第 2 页。

不是所有的古代中国外科手术传统都是外来的，蔺道人的《理伤续断方》标志着古代中国自主形成骨科传统，它对于古代中国的医学发展有着重要的影响。第一，古代中医骨科的社会需求量更大，远超巢元方《诸病源候论》的肠缝合术和简单骨折。而且，借助骨科诊疗的流程化，学习蔺道人的医方并经过一定的训练，一些医者能够从事这一特殊的实践。第二，古代中医骨科容易为中国文化传统所接受。外科手术传统应当有一定的制度性支持。中医骨科属于外科手术传统，但它没有像开膛手术那样与中国"身体发肤，受之父母"的观念发生冲突，从而有可能得到发展。

5. 以外科手术传统看待唐代其他外科手术两例

近代中医名家杨则民在《潜厂医话》中列举了两则古代中国中医外科的例子，试图说明"今人视为西医专技，不知古人已能之矣"。一则是《大唐新语》记载的唐代"刳腹术"："安金藏为太常工人。时睿宗为皇嗣，或有诬告皇嗣潜有异谋者，则天令来俊臣按之。左右不胜楚毒，皆欲自诬，唯金藏大呼谓俊臣曰：'公既不信金藏之言，请剖心以明皇嗣不反。'则引佩刀自割，其五藏皆出，流血被地，气遂绝。则天闻，令舁入宫中，遣医人却内五脏，以桑白皮缝合之，傅药，经夜乃苏。"[①]

笔者认为，"切腹而能缝治愈之"之手术有可能为真，采用桑白皮缝合也可信，唯有"五藏皆出"的程度没有明确说明，仅仅

---

① 杨则民，《潜厂医话》，人民卫生出版社，1985年，第168页。

是肠流出，还是所有内脏器官全部流出？如果是肠部流出，古代中医外科是有可能处理的；如果是"五藏"都破，伤及动脉，当代的外科手术也无能为力；如果是胸部的开胸缝合，此处的"医人"未能说明是何人，有可能古印度僧医或者景教徒医生能够做到，他们掌握了止血和减少感染的方法，以及手术的技巧。"切腹而能缝治愈之"的故事发生在武则天朝，此时古印度僧医声名远扬，他们拥有膀胱截石和腹腔穿刺的技术，以及丰富的外科手术器械，故事发生在武则天在场的宫廷大殿上，是否有可能此手术由唐代宫廷聘请的古印度医生所为呢？

　　另外一则唐代外科手术故事见于《太平广记》，卷二一九引有《玉堂闲话》关于开颅治疗和脑部缝合的故事。"江淮州郡，火令最严，犯者无赦。盖多竹屋，或不慎之，动则千百间立成煨烬。高骈镇维扬之岁，有术士之家延火，烧数千户。主者录之，即付于法。临刃，谓监刑者曰：'某之愆尤，一死何以塞责？然某有薄技，可以传授一人，俾其救济后人，死无所恨矣。'时骈延待方术之士，恒如饥渴。监行者即缓之，驰白于骈。骈召入，亲问之。曰：'某无他术，唯善医大风。'骈曰：'可以核之。'对曰：'但于福田院选一最剧者，可以试之。'遂如言。乃置患者于密（密原作隙，据明抄本改）室中，饮以乳香酒数升，则懵然无知，以利刀开其脑缝。挑出虫可盈掬，长仅二寸。然以膏药封其疮，别与药服之，而更节其饮食动息之候。旬余，疮尽愈。才一月，眉须已生，肌肉光净，如不患者。骈礼术士为上客。"

　　乳香酒兼有乳香的杀菌和酒的麻醉功能，它是回回医学外科手术的麻醉剂。乳香是古代中国的外来药材，且一直没有能够本土化移植成功。此手术有可能是回回医家所为。《中国科学技术史·医学卷》认为："大风即麻风，麻风患者病源并不在脑，亦无虫可挑，故病名或为叙述假借，其所用乳香酒显系麻醉药，亦有阿拉伯医药之特点，而手术法正与《唐书》'开脑出虫'相合。《回回药方》中金疮门记载只治颅脑外伤，用钻（穿）颅头骨开窗法及明代《辍耕录》西域奇术中载之开割额上，取出一小蟹病愈都属于一类手术，当属西方钻（穿）颅术借回回医家之手传入中国。"[①]　·

　　笔者认为，从本节所叙的外科手术传统的视角来看，上述唐代的剖腹和开颅手术应当属于当时的个别案例，它们更有可能是外来医师所为。唐代是一个兼容并蓄的时代，许多回回医家和印度医家都进入中国并且有重大的影响。然而外来手术传统本土化是一个复杂的过程，受制于当时的文化环境，比如"身体发肤受之父母"等因素的影响，开颅和剖腹手术病没有能够植入古代中医而成为传统。

---

① 卢嘉锡总主编，《中国科学技术史·医学卷》，科学出版社，1998 年，第471 页

第二节　乳香之路：丝绸之路的另一种认知

三千年前的陆上乳香之路见证了乳香成为古埃及和古希腊药物和香料的历史；三国以后乳香传入中国，多用作香料，至唐代后被看作中药上品。随着乳香认知的发展和航海技术的提升，宋代海上乳香之路极为兴盛。提升乳香之路的认识价值，有助于认识丝绸之路的经济本性，它是多元的、动态发展的商业道路，这是丝绸之路和乳香之路持久稳定的重要原因。

从商业的角度看，丝绸之路是双向交往。有来无往，回去放空，或者有往无来，来时空手，这极大增加了交易成本，以至于没有办法做成生意。换言之，单向的交易模式不可能互惠，从而不可能持久稳定。《礼记·曲礼上》："太上贵德。其次务施报。礼尚往来。往而不来，非礼也。来而不往，亦非礼也。"[①] 有往有来，既是中国古人的交往之道，也是中西贸易的交往之道，它也是丝绸之路稳定和持久的重要原因。在本节中，笔者选择"乳香之路"作为有"来"之道的切入点。

一、"乳香之路"：从陆路到海路的发展

2000 年，联合国教科文组织命名乳香之路（The Frankincense

---

① 《礼记·曲礼上》，《十三经注疏·附校勘记》上册，阮元校刻，中华书局，1980 年，第 1231 页。

Trail）为世界文化遗产（UNESCO World Heritage Site）。此世界文化遗产包括三个部分：阿曼的乳香树群、霍尔－罗里（Khor Rori）古城、商队绿洲的遗址。阿曼的乳香树群是乳香原产地，霍尔－罗里古城是乳香贸易古镇，商队绿洲是乳香运输的道路。

　　三千年前的古埃及时代，这条陆上乳香之路已经存在，它比起古代中国的丝绸之路要早得多。乳香的原产地是红海沿岸，包括南阿拉伯半岛、北埃塞俄比亚和索马里。古代商人从阿曼佐法尔（Dhofar）地区出发，经过阿拉伯半岛，由骆驼商队跋涉运送到耶路撒冷和埃及，以及地中海沿岸。古埃及人把乳香看作价比黄金的贵重物品，乳香的强烈杀菌作用可以用作木乃伊的防腐剂；乳香的浓郁香气可以用以祭祀；烧焦的乳香涂在眼底可以制成著名的"埃及黑色眼线"。

　　两千五百年前的古希腊时代，陆上乳香之路发挥着极为重要的作用。古希腊史学奠基人希罗多德（Herodotus）在《历史》第二卷第8节写道："从黑里欧波里斯再向里面走，埃及就成了一条狭窄的土地。因为它的一面是阿拉伯山脉，这山脉从北向南以及西南，一直伸展到所谓红海的地方。……从东到西最宽的地方，我听说是要走两个月，而它们的最东部的边界是出产乳香的。"[①] 乳香是阿拉伯人进贡波斯帝国的贡品。希罗多德在《历史》第三卷

---

① 希罗多德，《历史·希腊波斯战争史》，王以铸译，商务印书馆，1997年，第112页。

第 97 节中写道："阿拉伯人每年奉献一千塔兰特的乳香。这便是在租税之外，这些民族献给国王的礼物。"[①] 塔兰特，约合今天的 30 公斤，1000 塔兰特相当于 30000 公斤，由此可见古希腊时代陆上乳香之路的巨大规模。

《圣经》中乳香多处出现，既是尊贵的礼物，又是珍稀的药物，还是最重要的贸易物品之一。第一，乳香是最尊贵的礼物。耶稣在伯利恒降生后，几位东方博士跪拜，乳香是献给耶稣的礼物。《马太福音》2：10-11 写道："他们看见那星，就大大地欢喜，进了房子，看见小孩子和他母亲马利亚，就俯伏拜那小孩子，揭开宝盒，拿黄金、乳香、没药为礼物献给他。"第二，乳香是上品的药物。《耶利米书》8：22 写道："在基列岂没有乳香呢？在那里岂没有医生呢？我百姓为何不得痊愈呢？"由此可见，乳香是基列地区医生的常备药物。再比如，《耶利米书》46：11 写道："埃及的民哪，可以上基列取乳香去；你虽多服良药，总是徒然，不得治好。"这一论述说明乳香是良药中的良药，服用其他良药无效的情况下，乳香往往能够起到奇效。第三，乳香是阿拉伯人最重要的贸易物品。《创世纪》37：25："他们坐下吃饭，举目观看，见有一伙米甸的以实玛利人从基列来，用骆驼驮着香料、乳香、没药，要带下埃及去。"

从公元前 1000 多年前的古埃及时代到公元 6 世纪，这条陆上

---

① 希罗多德，1997 年，第 239 页。

乳香之路持续了上千年。鉴于乳香重要的药用价值和和香料价值，古埃及、古希腊、古波斯、古罗马和阿拉伯人持续使用这条陆上乳香之路。公元 6 世纪后，这条陆上乳香之路逐步衰落，一方面是阿拉伯半岛的沙漠化加剧，导致一些绿洲消失，从而增加了骆驼商队通过的困难，另一方面，航海技术有所发展，大吨位船只出现，水手掌握了利用季风从阿曼到埃及的海上航行技术，由于海上直航埃及成本低得多，也没有陆上道路的土匪抢劫危险，海上乳香之路逐步取代陆上乳香之路。

　　海上乳香之路开始兴盛，它不止通向埃及，也通向古代中国。从阿曼佐法尔地区出发，沿着印度洋航行，途经南洋诸国后抵达广州、泉州或杭州。这条海上乳香之路持续上千年。至迟到唐宋时代，海上乳香之路已经蔚为大观。宋代《诸蕃志》卷下记录道："乳香一名薰陆香，出大食之麻啰拔、施曷、奴发三国深山穷谷中。其树大概类榕，以斧斫株，脂溢于外，结而成香，聚而成块。以象辇之至于大食，大食以舟载易他货于三佛齐，故香常聚于三佛齐。"杨博文认为，"案乳香之名译自阿拉伯语 Luban，意为乳。薰陆乃梵语 Kunda 或 Kunduru 之转音，意为香。英语作 Olibanum，意为乳香。"[1] 岑仲勉考证认为，麻啰拔为 Morbat (Mirbat)，施曷为 Shehr，奴发为 Zubar，在施曷东约四百里。[2] 此

① 赵汝适，《诸蕃志校释》，杨博文校释，中华书局，1996 年，第 164 页。
② 岑仲勉，《中外史地考证》，中华书局，1962 年，第 406 页。

三国均在阿拉伯半岛东南部，麻啰拔和施曷自古以盛产乳香闻名于世，有"乳香国"之称；奴发位于阿曼境内的佐法儿，是古代阿拉伯的香料集市。

至迟到唐宋时代，古代中国与世界各国都有着广泛的联系。上述唐宋时代古代中国与阿曼建立的海上乳香之路便是一例；此前的古代中国将丝绸输出到古罗马世界而成为风尚；中国与近邻日本、印度、西域诸国更是建立起极为密切的贸易联系。可以说，唐宋时代是一个具有全球联系的世界。由于彼此间距离遥远和地理环境的限制，似乎中西交通显得比较稀少，但是少不等于没有。事实上，唐宋世界的中外交往比起我们的想象要多得多，尤其南宋与阿曼之间的贸易达到令人惊奇的程度。

二、三国起始的乳香认知：主要为香料功能

海上乳香之路的兴起，既与航海技术的发展有关，也与乳香逐步为中国所知和所用有关。这是一个逐步发展的过程，从 3 世纪被看作一种异产的香料，到 5 世纪并重其香料功能和药用价值，至隋唐其多方面药用价值得到发掘，变成上品中药材；又由于唐宋盛行香料文化，其药用价值和香料价值凸显，乳香终成为中外贸易最大宗的物品之一。

汉代已有香料之路的记载。关于西域香料的记载仅限于苏合香。《后汉书·西域传》描述了苏合香的制作方法，它是多重香料的合成香，"合会诸香，煎其汁以为苏合"。它是用蒸馏的方法提

纯形成。《全后汉文》卷二五班固的《与弟超书》中说："窦侍中令载杂彩七百匹，白素三百匹，欲以市月氏马、苏合香、氍毹。"[①]汉武帝派遣张骞出使西域，最渴望获得大月氏国的月氏马，而苏合香与月氏马并提，以汉代丝绸作为交换，足见苏合香的价值。这则史料也显示出，汉代起丝绸之路亦是香料之路，丝绸是汉朝的主要出口商品，香料和马匹是大月氏的出口商品，这是一条双边的互惠之路。1990 年 10 月至 1992 年 12 月，在甘肃敦煌汉代悬泉置遗址中出土了大批简牍帛书和纸文书。西汉武帝、昭帝时期的纸文书中，有 3 件包裹药物的纸张，纸面分别写有所包药物的名称，字体为隶书，其中 TO212：2 为"熏力"二字。张显成认为，"熏力"为"熏陆"，即乳香。[②]汉代的香料之路亦极为广泛，既有陆上香料之路——汉代与西域诸国，甚至远至古罗马帝国（大秦）的广泛联系，运来的有安息香、苏合香等，也有海上香料之路——汉武帝经营岭南后，岭南出产的沉香、檀香丰富了香料来源，更由于汉代岭南与印度洋周边国家有着更密切的交往，海上香料之路运来的有印度洋的龙涎香等。

唐朝编撰的《法苑珠林》卷三六有三处三国时期文献，它们都说明乳香在 3 世纪传入中国，具有很强的史实说服力。原文如

---

① 严可均，《全三国文》，商务印书馆，1999 年，第 247 页。
② 张显成，《西汉遗址发掘所见"熏毒"、"熏力"考释》，《中华医史杂志》2001 年第 4 期，第 208 页。

下：“薰陆香。《魏略》曰：‘大秦出薰陆。’《南方草木状》曰：
‘薰陆香出大秦国，云在海边，自有大树，生于沙中。盛夏时树胶
流涉沙上，夷人采取卖与人。’（《南州异物志》同。其异者唯云：
“状如桃胶。”《典术》又同，唯云：“如陶松脂法，长饮食之，令
通神灵。”）俞益期笺曰：‘众香共是一木，木胶为薰陆。’”①

　　此处第一个提到的文献是《魏略》，它为公元 3 世纪三国时
代记载魏国的典籍。“大秦出薰陆”中的“大秦”是指当时的罗马
帝国，薰陆是指乳香。第二个提到的文献是《南方草木状》，它为
3 世纪晋代的嵇含所写。这段文本的描述更为细致，“云在海边”，
这是指红海附近，即今阿拉伯半岛；乳香生长在荒漠的树上，形
容此树如同古松，乳香是树脂，它是夏天采集而成，这些记录都
是确切真实的。第三个提到的文献是《南州异物志》，它是 3 世纪
吴国万震所写，“状如桃胶”描述乳香的大小如同桃胶，乳香的颜
色是浅黄色，也与桃胶相像。乳香类似于“松脂”，都是树脂，即
树上自然分泌液体凝结后的颗粒。到了每年的 4 月，当地人刮去
乳香树的灰色树皮，切口处便会渗出一滴滴的白色树脂，如同奶
汁一样，这便是“乳香”一词的由来。两个星期后凝结成半透明
的颗粒，才能第一次采摘，再隔两个星期后的第二次采摘才能得
到高质量的树脂。

---

① 释道世，《法苑珠林校注》第 3 册，周叔迦、苏晋仁校注，中华书局，2003
　　年，第 1158—1159 页。

公元 3 世纪的文献多见薰陆其名，少见其香料之用。《北史》卷九七记载"波斯国"出产乳香："波斯国，都宿利城，在忸密西，古条支国也。去代二万四千二百二十八里。城方十里，户十余万，河经其城中南流。土地平正，出金、银……及薰陆、郁金、苏合、青木等香，胡椒、荜拨、石蜜、千年枣、香附子、诃梨勒、无食子、盐绿、雌黄等物。"① 上述《典术》提到乳香能够"长饮食之，令通神灵"，其说法简略而未能详尽其意，或有可能用于祭祀或者拜神焚香——"薰陆"的"薰"字或有香料之意；前叙俞益期为东晋人士，他所说的"众香共是一木"所指是薰陆树，乳香这一"木胶"具有香料功用。

三、唐代的乳香认知：多方位的药物功能

乳香成为中药的上品药材，这是中西交通有待重视的事件。什么是中药？仅为中国所产才能为中药吗？乳香便是一个反例。中药应当不是以产地作为标准，它是以其是否列入药典而为标准，其依据的是药用功能。以此而论，乳香不分中西，可以说既是古代中药，又是古代西药，一方面它在唐代之后列入中医药典，另一方面上千年以来它一直都是古代的名贵药物，无论古希腊还是古代阿拉伯世界都是如此。概言之，乳香是古代东西方普遍使用的药物，它具有全球性。

---

① 李延寿，《北史》简体字本，中华书局，1999 年，第 2138 页。

　　公元 5 世纪的南朝时代，陶弘景意识到乳香的中药材和香料的双重功能。关于乳香的香料功能，陶弘景在《授陆敬游十赉文》写道："今故赉尔香炉一枚，熏陆副之，可以腾烟紫阁，昭感上司。"[①] 再则，陶弘景在其《冥通记》卷一写道："须臾气绝，时用香炉烧一片薰陆如貍豆大，烟犹未息，计此正当半食顷耳。"[②] 关于乳香的药用功能，陶弘景整理的《名医别录》（原书成于汉末）写道："熏陆香、鸡舌香、藿香、詹糖香、枫香并微温，悉治风水毒肿，去恶气。熏陆、詹糖伏尸。"乳香具有消毒杀菌功能，可以用于毒肿的消炎；熏陆"伏尸"是指它能够治疗隐藏在人五脏内的积年病根，但此处未说明它到底是内服还是外用，是用于活血还是杀菌。

　　唐代是中医大发展的时代，乳香的药用价值被充分地发掘出来，"熏陆香"成为中药的上品。唐代陈藏器所著的《本草拾遗》开始把乳香当作内服消炎药："盖熏陆之类也。其性温，疗耳聋，中风，口噤，妇人血气，能发酒，理风冷，止大肠泄澼，疗诸疮令内消。"[③] 乳香兼有活血和内服消炎功能，这在中药材中是少见的。有了外伤感染后，中医的处理大多以药物外敷伤口消炎，仅

---

① 严可均，《全梁文》，商务印书馆，1999 年，第 487 页。
② 陶弘景，《周氏冥通记》，《道藏》第 5 册，文物出版社、天津古籍出版社、上海书店，1988 年，第 519 页。
③ 陈藏器，《〈本草拾遗〉辑释》，尚志钧辑释，安徽科学技术出版社，2002 年，第 377 页。

有外敷而无内服消炎；有了乳香之后，"疗诸疮令内消"，内服能
够抑制感染，减少外伤死亡和提高愈合速度。尚志钧先生在注释
中认为，古方"仙方活命饮"的主要成分是之一是乳香，它曾经
是外伤脓肿重要的药方，"在昔日为痈肿初起要方。但其作用强度
和速度敌不过今日的抗生素。如果某些患者对抗生素过敏时，亦
可用此方"。乳香既有消炎作用，又有活血功能，使得诸疮的伤口
生肌，以至唐代蔺道人的《理伤续断方》把乳香作为治疗骨科的
"最贵"药材。"诸药，惟小红丸、大活血丹最贵。盖其间用乳香、
没药。枫香可代乳香三之一。血竭难得，合大活血丹欠此亦可，
若有更佳。"再则，"合药断不可无乳香、没药。若无没药，以番
降真代；血竭无，亦用此代。"①

　　未能本土移植的乳香完全依靠丝绸之路引进，它本是古代西
药，却能够成为中药的上品，这是令人寻味的。古代的中药和西
药之间并不存在着截然的分界线，古代中西世界彼此相距遥远，
各自形成不同的药物使用传统，但二者彼此间有着相当程度的交
流，乳香就是典型的例子。《海药本草》是五代著名词人李珣所写
的关于唐代海外药物的书籍，作者本身是四川梓州出生的波斯商
贾李苏沙后裔。该书第三卷写有乳头香："谨按《广志》云：生南
海，是波斯松树脂也，紫赤如樱桃者为上。仙方多用辟谷，兼疗
耳聋，中风口噤不语，善治妇人血气。能发粉酒。红透明者为

_____

① 蔺道人，1989 年，第 7 页。

上。"乳香能够活血，制造粉色的乳香酒。而且，僧人辟谷期间不能不吃饭，僧人可以把它当作药物吃。关于乳香是否为李珣所说的波斯特产，谢弗（E. H. Schafer）在《唐代的外来文明》中认为："李珣则将乳香说成是波斯的出产，其实，李珣的这种看法与他将许多同波斯人贸易得来的物品都归为波斯产品的道理是一样的。有时我们在史料中见到的，是在亚洲市场上广为流通的真的乳香，而其他的所谓乳香则毫无疑问是一些气味芬芳的赝品。"①

　　五代时候的乳香酒开始用作外科手术的麻醉剂，它兼有灭菌和麻醉作用，这或许是受到回回医学的影响所致。前引《玉堂闲话》的一例开颅手术道："乃置患者于密室中，饮以乳香酒数升，则惛然无知。"开颅手术有可能是回回医家所为，该病例中的乳香酒也是阿拉伯医药配方，在外科手术中仅仅依靠外敷药物不能完全抑制感染的情况下，术前饮用乳香酒，内服的乳香具有杀菌的效果，酒有麻醉作用（未见酒内服杀菌作用的相关研究），乳香酒兼有杀菌和麻醉作用。除此孤例外，乳香酒并未见其他中医文献提及为外科药物，很有可能是外来医家的所为，并没有触发形成中药传统。

---

① 谢弗，《唐代的外来文明》，吴玉贵译，中国社会科学出版社，1995 年，第
　　363 页。

四、海上乳香之路的形成及其发展

唐代僧人玄奘注意到印度也出产乳香，他在《大唐西域记》卷十一中记载有古印度的乳香，这是南印度境内阿吒厘国的物产。"出薰陆香树，树叶若棠梨也。气序热，多风埃。人性浇薄，贵财贱德。文字、语言，仪形法则，大同摩腊婆国。"① 玄奘所记的印度乳香有可能产于印度西南部沿海地区，那里也是当今乳香的产地之一。《唐本草》云："出天竺国及邯郸，似枫松，脂黄白色。天竺者多白，邯郸者夹绿色，香不甚烈。微温，主伏尸、恶气、疗风水肿毒。"② 印度乳香质量不如红海周边地区的乳香，"香不甚烈"，但印度距离中国更近，价格远比阿曼乳香便宜，从而成为输入中国重要的乳香产地。

唐代的海上乳香之路具有了初步规模。日本真人元开的《唐大和上东征传》有一段记载鉴真在天宝七年东渡后漂流到海南的见闻，看到海南冯若芳"每年常劫取波斯舶三二艘，取物为己货，掠人为奴婢。其奴婢居处，南北三日行，东西五日行，村村相次，总是若芳奴婢之（住）处也。若芳会客，常用乳头香为灯烛，一烧一百余斤。其宅后，苏芳木露积如山；其余财物，亦称此焉。"③ 这则史料说明唐代与波斯乳香贸易规模相当大。第一，冯若芳洗

① 玄奘，《大唐西域记》，章巽点校，上海人民出版社，1977年，第267页。
② 洪刍，《香谱》，载田渊整理校点，《香谱》（外四种），上海书店出版社，2019年，第10页。
③ 真人元开，《唐大和上东征传》，汪向荣校注，中华书局，1979年，第68页。

劫的是"波斯舶"，其会客所用乳香来自所劫取的波斯船只，这是
有可能的。海南历来是古代中国通向印度洋的必经之地，冯若芳
在"天高皇帝远"的海南劫掠而成巨富。第二，冯若芳洗劫的规
模非常大，劫掠的波斯人成为奴婢，"南北三日行，东西五日行，
村村相次"，可见抢劫规模之大。

　　五代的海上乳香之路亦具有相当规模。《新五代史》卷六八
《闽世家第八》记载："守元教昶起三清台三层，以黄金数千斤铸
宝皇及元始天尊、太上老君像，日焚龙脑、薰陆诸香数斤，作乐
于台下，昼夜声不辍，云如此可求大还丹。"① 这段文本描述王继
鹏荒淫无度，崇尚道家而不惜民力，"日焚龙脑、薰陆诸香数斤"。
闽国在今天的福建，泉州是海上丝绸之路的重要城市。乳香是外
来香料，仅此一处耗用乳香如此惊人，中国与红海沿岸的乳香交
易量是相当大的。

　　宋代的海上乳香之路极为发达，以至于宋代皇帝都意识到动
辄百万的税赋，可成为朝廷收入的重要来源。"市舶之利最厚。若
措置合宜，所得动以百万计，岂不胜取之于民。朕所以留意于此，
庶几可以宽民力尔。"② 乳香贸易为官营贸易，乳香进入中国港口
后，由政府按照限定的价格全部购买，《宋会要辑稿》记载："开

---

① 欧阳修，《新五代史》，中华书局，1974 年，第 851 页。
② 张星烺编注，《中西交通史料汇编》第 2 册，朱杰勤校订，中华书局，2003
　年，第 853 页。

禧元年八月九日，……仍下明、秀、江阴三市舶，遇蕃船回舶，乳香到岸，尽数博买，不得容令私卖。从之。（开禧元年）十月十一日，诏泉、广市舶司将逐年博买蕃商乳香，自开禧二年为始，权住博买。"[1]

宋代的进口商品采取抽分和抽解方式收税，前者是征收货物的一定比例作为进口税收，后者是官营全部收购"博买"。乾道三年（1167），拨款二十五万贯用于博买乳香等本钱。"十二月二十三日，诏令福建市舶司于泉、漳、福州、兴化军应合起赴左藏西库上供银内，不以是何窠名，截拨二十五万贯，专充抽买乳香等本钱。从工部侍郎、提领左藏南库姜诜请也。"[2]政府抽解博买，转卖后获取高额利润，加之乳香又属于大额交易的商品，政府赚取大量收入，堪比可以"宽民"的税赋。毕仲衍《中书备对》记载了神宗熙宁十年外国贸易的统计："《备对》所言三州市舶司（所收）乳香三十五万四千四百四十九斤，其内明州所收惟四千七百三十九斤，杭州所收惟六百三十七斤。而广州所收者则有三十四万八千六百七十三斤。是虽三处置司，实只广州最盛也。"[3]

抽解的利润构成宋代政府的重要收入来源后，宋代海上贸

---

① 徐松，《宋会要辑稿》，中华书局，1957 年，第 3380 页。
② 徐松，1957 年，第 3378 页。
③ 张星烺，2003 年，第 848 页。

易政策对此有特殊的规定。其一，宋代规定对贩卖运输乳香有功的商人赐官。《宋史》卷一八五《食货志下七·香》南宋高宗绍兴六年，"大食蕃客罗辛贩乳香直三十万缗，纲首蔡景芳招诱舶货，收息九十八万缗，各补承信郎。闽、广舶务监官抽买乳香，每及一百万两转一官。又招商入蕃兴贩，舟还在罢任后，亦依次推赏"。[①] 再则，《宋会要辑稿》记载，哲宗元祐六年（1091）"八月二十三日，提举福建路市舶司上言：'大食蕃国蒲啰辛造船一只，般载乳香投泉州市舶，计抽解价钱三十万贯，委是勤劳，理当优异。'诏：'蒲啰辛特补承信郎，仍赐公服、履笏，仍开谕以朝廷存恤远人、优异推赏之意。候回本国，令说喻蕃商广行般贩乳香前来。如数目增多，依此推恩。余人除犒设外，更与支给银、彩。'"[②] 其二，为了防止舶司舞弊，宋代允许"蕃商越诉"。"乞申饬泉、广市舶司，照条抽解和买入官外，其余货物不得毫发拘留，巧作名色，违法抑买。如违，许蕃商越诉，犯者计赃坐罪。仍令比近监司专一觉察。"[③]

宋代海上丝绸之路贸易量巨大，乳香之类的物产也成为海上各国进贡的物产。宋朝回赐相当的银钱，同时额外赏赐朝贡的贡使。"熙宁十年，国王地华加罗遣使奇啰啰、副使南卑琶打、判官

---

① 张星烺，2003 年，第 851 页。

② 徐松，1957 年，第 7760 页。

③ 徐松，1957 年，第 3380 页。

麻图华罗等二十七人来献豌豆珠、麻珠、琉璃大洗盘、白梅花脑、锦花、犀牙、乳香、瓶香、蔷薇水、金莲花、木香、阿魏、鹏砂、丁香。使副以真珠、龙脑登陛，跪而散之，谓之撒殿。既降，诏遣御药宣劳之，以为怀化将军、保顺郎将，各赐衣服器币有差；答赐其王钱八万一千八百缗、银五万二千两。"①朝贡也是海上各国与宋朝的一种交易方式，它兼有贸易和政治双重功能，宋朝回赐丰厚，激励占城（今越南）一年后再次朝贡。《宋史》卷四八九《外国列传五》："建隆二年，其王释利因陁盘遣使莆诃散来朝。表章书于贝多叶，以香木函盛之。贡犀角、象牙、龙脑、香药、孔雀四、大食瓶二十。使回，锡赉有差，以器币优赐其王。三年，又贡象牙二十二株、乳香千斤。"②

　　有卖就有买，宋代藏富于民的巨大购买力，每年多达数十斤的消费量，这是宋代朝贡的乳香动辄数万斤，每年抽解贸易量数十万斤的巨大市场。唐代以后乳香成为中药的上品药物，在内服消炎、外敷生肌、内服活血等领域有奇效；上层士大夫使用香料的传统变成了一种流行文化。再则，宋代佛教发达，乳香等名贵香料在寺庙也有巨大的消费。巨量的药物需要和香料需要，再加上宋代造船技术的发展，大量往来阿曼与广州、泉州的海上商人造就出长期繁荣的海上乳香之路。

---

①《宋史》，中华书局，1977 年，第 14098—14099 页。
②《宋史》，第 14079 页。

五、结语：重视丝绸之路与乳香之路的经济本性

丝绸之路的本质是经济，这是一条商品之路。人类有了双向的彼此互利，才形成持续稳定的交往之路。丝绸之路是一种地理位置及其沿承的描述说明，而促成这条道路持久稳定的是商业因素。海上丝绸之路与海上乳香之路是同一条道路的不同称呼，说明双方通过贸易方式各取所需。当前学界更多重视西亚和欧洲的丝绸和瓷器需求，很少关注古代中国也有对于西方的物品需求，以及需求在不同时期的变换——汉代中国的需求是大月氏的马和香料；草原丝绸之路可以称为从西域运往内地的"玉石之路"。

古代世界的丝绸之路的商品不是生活必需品，当代的新丝绸之路的商品或有可能是生活必需品，这是古代世界与当代世界的一个区别。古代的丝绸之路和乳香之路是提升生活品质的道路，无论丝绸、陶瓷，还是乳香、没药，这些都不是生活的必需品。西方文明没有丝绸和瓷器仍然可以发展，中国文明没有乳香和没药也可以存续。换言之，丝绸之路和乳香之路不是古代任何一个文明生存的必要条件。丝绸之路和乳香之路的价值是提升彼此生活品质：丝绸和陶瓷提升了西方皇族和贵族的服饰和审美，乳香和没药提升了中国皇族和士大夫的熏香享受，乳香还是一种药物，或许它相对贵重，能够运用于治疗一般民众的疾病，改善病人的健康。

丝绸之路是展现古代世界全球性特征的道路。学习和研究丝绸之路应当具有全球视角，中药的内涵不是基于本土物产，也可

以基于外来输入的物产；中药从来不是一个狭隘的概念。古代世界的丝绸之路的全球性特征要弱，它受制于交通运输技术的水平，需要数月的时间，并且借助季风才能从广州抵达阿曼，当代的飞机一天之内可以实现两地的往返。因此，新丝绸之路有可能把生活的必需品纳入到贸易的对象，比如石油和天然气都是当代城市生活的必需品，这是古代丝绸之路难以设想的新世界。

第四章 丝绸之路上的物理学

物理（physics）一词脱胎于古希腊语 *φύσις* (*phúsis*)，意为"自然"，主要研究物质及其在时空中的运动。经历两千多年的发展，它已经成为科学的一个基本分支，但在 19 世纪末以前，还是主要作为"自然哲学"而为人所知。在现代，物理学包括物质、能量及其关系。在某种意义上，物理学是最古老和最基础的纯粹科学，其发现可以应用于所有自然科学之中，因为物质和能量是自然界的基本组成。古代东西方文明在数千年的积累中，于力学、光学、声学、热学及磁学等多个方面都有所发展。本章将分两节，简述力学、光学在丝绸之路沿线各文明中的存在与传播情况。

第一节 古代东西方文明中的力学

古代力学属于前牛顿时代的经典力学范畴，主要研究物体在力的作用之下的运动规律。以现代眼光来看，不少观点都显得原始而且充满谬误，但这是人类认识的发展所经历的必然阶段，在很大程度上，对自然原理的论述受限于人类整体的思想发展水平。而自文艺复兴以来近代力学知识的发展，很大程度上是在古代力学理论的基础上产生的。

古代力学知识既是一门主要讨论力、重量、运动等概念的理论性知识，也包括设计和使用各种机械的"实践者的知识"。本节所概述的内容侧重于古代东西方前一方面知识的分布与传播状况，而后一类知识则将在后面的"机械技术"等相关章节中予以讨论。

一、古典时代的力学与机械学理论

要对历史上较成体系的力学知识产生整体认识，需要借助传世或出土文献的记载。但由于文献阙如，我们很难对古希腊之前文明的力学知识展开描述，因此我们不得不将古希腊作为论述的起点。

目前现存年代最早的力学专论是托名亚里士多德的《机械学》，其实际作者有可能是与亚里士多德同时代的阿契塔（Archytas）或亚里士多德的后学。[1] 该论文解说了诸如杆秤、滚轴

---

[1] M. Coxhead, A Close Examination of the Pseudo-Aristotelian Mechanical Problems: The Homology between Mechanics and Poetry as Techne, *Studies in History and Philosophy of Science*, 43(2012): 300-306.

等简单机械所应用的力学原理，并认为"大多数机械运动都与杠杆有关"。亚里士多德本人的力学观点则主要体现于《物理学》和《论天》两部著作中。他用运动来理解所有形式的变化，包括位置以及物理或化学状态的改变。

亚里士多德认为，运动中各因素间存在的比例关系是其运动学和动力学理论计算的法则。即对于力 A、受力物体 B、移动距离 G 和移动所用时间 D，如果 A 和 D 一定，则 B 和 G 成反比例，而如果 A 和 G 一定，则 B 和 D 成正比例。例如《论天》提到，当重物从同样高度下落时，按比例原则，重两倍的物体只需用一半时间。如果物体同时在两个方向上作匀速运动，可以依照比例作平行四边形来计算合成后的物体运动方向和速度，如果其中一个方向上的运动不均匀，那么物体就会作曲线运动。这在现代被称作运动学。随后亚里士多德很快把力的因素加入运动学，形成动力学理论。

在亚里士多德动力学中，首先要区别物体是否处于其自然方位，在该方位物体的状态是至善的，如不受外力就会保持静止，当受到外力时物体才会被驱离，这称为"受迫运动"。重物的自然方位位于地心，而轻物体的自然方位是月亮、大气。由于天堂和宇宙中的星体不是由地球上地、水、火和气四种元素，而是由第五元素"以太"或称"精质"构成，因此它们依循神性运动，而不受地球上的运动法则约束。如果物体不在其自然方位上，它就会回到该方位的运动倾向，这被称为"自然运动"，就像重物都会坠落，而地表的气体会上升。所有受迫运动都不能持久。弹丸被抛出后仍能运动一段时间，是由于周围空气中的以太仍然持续对其施加推动力。但作为介质，空气同样有阻力，这使得弹丸最终还是落到地上。阻力大小与媒介物的密度成正比："如果空气比水稀薄一半，那么在水里和空气中运动同样距离，在水里将多花费一倍时间。"较小的力不可能驱动较重的物体，就像"一个人无法轻易地推动一艘船"。

此外，亚里士多德还论证了自然界不存在真空，由于真空中的介质没有密度，因而物体在其中运动速度为无限大，而真空周围的物质会立即填充进来。总体来看，亚里士多德运用直觉和逻辑构建了一个与其哲学思想相洽的完整的动力学理论体系。但这个体系在事实验证时，却往往出现矛盾和漏洞。在之后千余年中，历代注释家发现并试图弥补这些漏洞，但直到 17 世纪牛顿时才彻底突破亚里士多德体系，使动力学走向近代化。

与亚里士多德不同，阿基米德在严密的数学推理证明基础上创建了静力学。在《论平面平衡》（*On the Equilibrium of Planes*）一书里，阿基米德详述了杠杆原理。该书分为两卷，依循《几何原本》的体例编排，首先把"等重量的物体在与支点等距离时保持平衡"等 8 个命题设为公理，以此为基础证明其余定理。其中意义最深远的是在第 1 卷中证明的杠杆定律："对于可公度的重量，当它们与支点距离成其重量之反比时，可保持平衡。"即对于质量为 m_1、m_2 的物体，当其重心距支点为 l_1、l_2，如满足

m_1：$m_2=l_2$：l_1 时，杠杆处于平衡状态。随后阿基米德又利用穷竭法，把该定律推广到所有"不可公度量"（重量之比为无理数）的范畴内。[①] 根据约 500 年后的帕普斯（Pappus of Alexandria）记载，阿基米德曾发出如此豪言："给我一个支点，我将能撬起地球。"在这本书的其余部分里，阿基米德探索了各种形状，如三角形、平行四边形、梯形以及回转抛物面形物体重心的位置。

阿基米德另一声名卓著的贡献是创立了流体静力学，其研究主要见于《论浮体》。是书亦分两卷，起始于如下公设："流体的特征在于，它的各部分都均匀且连续，受压力较小的部分会被受压力较大的部分所推动。流体的每一部分都被垂直方向上更高的流体所压，或者从某处落下，或者从一处流向另一处。"[②] 这个简短的描述中蕴含着几个经典流体力学的基础观念：液体内部没有空间，它是连续的；液体某部分受的压力也会传导到任何其他部分；液体的流动是由压力引起并维持的。[③] 随后他证明了"阿基米德定理"："任何整体或部分浸入液体中的物体都受到向上的浮力，其大小等于所排开液体的重量"，该定理还能被引申为"所有漂浮的物体都排开与其重量相等的液体"。[④]《论浮力》第 2 卷详尽地论述

[①] T. Heath, 2010, pp. 192-194.

[②] T. Heath, 2010, p.253.

[③] G. Tokaty, *A History and Philosophy of Fluid Mechanics*, New York: Dover Publications, Inc., 1971, p.23.

[④] 根据 200 年后的古罗马建筑学家维特鲁威记载，该定律是阿基（转下页）

了轴长、密度各异的回转抛物面形物体在流体中的稳定平衡位置，其证明和计算体现了阿基米德极为高超的数学技巧，而他对回转抛物面形体的重视有可能是源于对操船术的抽象提炼。①

阿基米德之死标志着古希腊与古罗马两种文明之间的分野，而文明的转型也影响了科学理论发展的进程。古罗马人的思维更加实际，但理论性的工作仍在希腊化的亚历山大里亚城继续进行。这一时期力学知识从两个方向上有所汇集，其一是之前的理论与概念为建筑师和发明家所知，从而付诸实践；其二是新的技术发明也刺激了理论新的生长。这一时期最有代表性的学者是希罗。希罗被认为是古代最伟大的实验家之一，同时也是杰出的发明家。他的《机械学》共三卷，融汇了古典时代理论性知识与实践性知识。希罗视阿基米德为权威，而他对亚里士多德的观念既有追随，也有挑战。希罗在《机械学》第 2 卷中尝试把 5 种简单机械力（包括轮轴、杠杆、复滑车、尖劈和螺杆）还原为圆，以及最终还原为等臂天平，从而把机械学纳入自然哲学的框架之中。但希罗

（接上页）米德在沐浴时获得灵感而发现的，但该传说的真实性自伽利略以来久受质疑，但阿基米德所呼喊的"尤里卡"（Eureka，意为"我发现了"）至今仍是获得激动人心的发现时的庆祝口号。参考 D. Biello, Fact or Fiction?: Archimedes Coined the Term "Eureka! " in the Bath, *Scientific American*, 2006-12-8. https://www.scientificamerican.com/article/fact-or-fiction-archimede/.

① R. Dugas, *A History of Mechanics*, London: Routledge & Kegan Paul Ltd, 1955, p.31.

指出，利用五种机械都能省力，从而挑战了亚里士多德"小力不能推动重物"的论断。总之，希罗把天平视为一种理想化的模型，以该模型的性质来解释其他各类机械，这使得《机械学》成为连接两类知识的一座桥梁。①

图 4-1　希罗所设计的蒸汽动力机械

　　除古希腊外，古典世界的其他文明很少出现对力学理论性的论述（也许很大程度上应归咎于资料的匮乏），更缺乏严密的数学证明。一个例外可能是中国战国时期的《墨经》，这部书对杠杆、

---

① M. Schiefsky, Theory and Practice in Heron's Mechanics, In W. Laird and S. Roux, ed., *Mechanics and Natural Philosophy before the Scientific Revolution*, New York: Springer, 2007, pp.15-50.

滑轮、斜面、平衡、力与机械运动等进行了定义和解释。通过《九章算术》等算书中的相关题目，可以推测先秦时期中国已经能用数学解答某些力学和运动学题目。[①] 但总体上《墨经》中的力学和机械理论是经验而不是演绎性的，而汉代独尊儒术之后，中国力学主要体现于匠人们所拥有的实践性知识。

在物理学方面，古印度与古希腊有许多相近的观点，例如都出现了原子论，以及把气、火、水、土和第五元素（在古印度称为"空"）作为基本元素。至于这些相似之处是否说明古希腊和古印度之间存在早晚之分及相互传播的关系，目前还不能确定。一般认为，两大文明在公元前 500 年前后独立发展了这些思想。[②] 迦那陀（Kanada，公元前 2 世纪，一说活动于公元前 6 世纪）和乔答摩（Akshapāda Gautama，活动于公元 1 世纪）及其后学形成的正理论 - 胜论学派（*Nyāya-Vaiśeṣika*）在进一步发展元素论和原子论的同时，开始重视力与运动的性质。他们把重体、液体、润（黏性）和弹性作为物体的重要特性。这些性质与现代意义上的力观念还有差异，例如重性是指物体作为整体具备的下落的原因。而流动性则存在于地、水和火三种物质之中，分为自然流动（如水的流动）和偶发流动（如某些熔化的物质导致火）两类。黏性

---

① 戴念祖主编，《中国科学技术史·物理学卷》，科学出版社，2001 年，第 20—165 页.

② H. Selin, 2008, p.1821.

只存在于水中，导致粘连和光滑。弹性则只作为土物质的特性，它使处于相反状态的物体恢复原状。正理论 - 胜论学派认为运动（*kamma*，一般称为"业"）有 5 种表现：向上抛出、向下抛出、收缩、扩张和前进。运动具有如下特性：在某一时刻物体只存在一类运动；物体从非运动状态开始运动；运动只能持续一段时间；无限物质产生有限形式的运动；运动没有质量以及运动为在某一方向上产生的效应所破坏。自由原子的运动是由作为因与果之媒介的"看不到的力"（*Adṛṣṭa*）所推动的。很显然他们没有设想原子是自动或受自然规律推动的。[1] 而另一种来自耆那教的思想则认为所有物质中只存在一种原子，它们只因内秉于原子的相互之间的引力或斥力而形成聚合体。这种观点与古希腊原子论更为类似。[2]

二、古希腊力学知识的传播及其在中世纪的发展

在中世纪力学史上，静力学可能是最受古典传统影响的领域。随着古希腊和古罗马学者的著作被不断翻译和注释，中世纪欧洲和伊斯兰学者追随前贤足迹，继续着静力学在几何化和运动学两条道路上前进的脚步。其中亚里士多德著作的译注占据格外重要的地位，阿基米德本人的著作却不曾被译为阿拉伯语（只有一部

---

[1] D. Bose, S. Sen, B. Subbarayappa, 1971, pp.470-478.
[2] 恰托巴底亚耶，《印度哲学》，黄宝生等译，商务印书馆，1980 年，第171—172 页。

匿名著作转载了他《论浮体》的第 1 卷和第 2 卷的第一个命题），
而希罗等学者的著作只有阿拉伯语译本传世。力学知识从古希腊
到伊斯兰世界的传播，历经了数个世纪，其间古叙利亚语一度充
当了过渡性学术语言。

　　除前述几位大学者的著作外，一些佚名或托名欧几里德，但
具有学术创见的著作也传播广泛。其中，一部名为《欧几里德论
平衡》（*Maqāla li-Uqlīdis fī al-athqāl*）的著作结合了《几何原本》
的编排体例与阿基米德《论平面平衡》的治学方法，把论述对象
从以几何线段表示的杠杆发展到三维空间中真实的均匀悬臂。另
一部年代稍晚的匿名著作《论平衡》（*Liber de Canonio*），则在前
一本论著的基础上进一步发挥，探索了需考虑自重的均匀杠杆之
短臂悬挂重物时的平衡条件，从而把阿基米德的重心理论应用于
带自重的杠杆的现实情况。[1] 这部书又启迪了 9 世纪阿拉伯学者塔
比·伊本·库拉写出《论杠杆的平衡》（*Kitāb al-Qarasṭūn*）。[2]

　　伊斯兰世界对力学的兴趣可能最早源于干旱地区汲取地下水
的现实需求。[3] 9 世纪之后，力学研究在伊斯兰文化中已经非常兴
盛，并形成具有若干特点的研究传统：它把阿基米德静力学的演

---

① R. Rashed, 1996, p.275.

② A. Al-Hassan, ed., *Science and Technology in Islam: The Exact and Natural Sciences*, Paris: UNESCO, 2001, pp.299-300.

③ G. Ferriello, The Lifter of Heavy Bodies of Heron of Alexandria in the Iranian World, *Nuncius*, 20(2005): 327-346.

绎研究方法与亚里士多德的动力学定律相联结；并以流体力学和比重作为主要研究对象；与古希腊人局限于研究简单机械不同，阿拉伯学者热衷于设计精巧复杂的装置（'ilm al-ḥiyal）。目前已知在中世纪的阿拉伯或波斯共出现超过 60 种静力学著作，其中大部分著作都涉及精密装置。这一领域最具代表性的著作，将在后面机械章节中予以概述。与力学理论相关的著作主要有 12 世纪来自呼罗珊的哈兹尼（Al-Khāzinī，活跃于 1115—1130 年间）的《论智慧的平衡》（*Kitāb Mīzān al-Hikma*）。该书保存了古希（Al-Qūhī，活跃于 10 世纪）、海什木以及伊斯菲扎里（al-Isfizārī，活跃于 11、12 世纪之交）等许多学者亡佚著作的片段，它的另一个主题是论述金属和矿物的比重。[①]

图 4-2　思南·伊本·塔比（Sinan Ibn Thabit, 880—943）《论简单机械》手稿

　　对于伊斯兰学者，力的概念通常具有三层含义：首先，自亚

---

① R. Rashed, 1996, p.277.

里士多德观点而言，它是联结"自然位置"和"宇宙中心"（地心）的纽带；而从阿基米德观点来说，它是几何化的静力学中的重要概念；在亚里士多德体系中，它是维持运动的"充满的介质"。把两个力学体系的方法或观点进行融汇，贯穿着中世纪伊斯兰力学史在每一个方面的进程。

重力是最重要的一种力。伊斯兰力学理论的一个显著特点是把物体的质量（*wazn*）与其重力（*thiql*）两个概念区分开。伊斯兰力学理论从两个方面来理解重力的概念。一方面，它与宇宙中心有关。如哈兹尼提到"重物是在其内部所包含力的作用下，向宇宙中心移动的物体，力内秉于物体，直到该物体到达宇宙的中心才消失"。[①] 这实际是为亚里士多德"自然运动"背书，力被理解为一种趋向或意图（*mayl*），或者物体呈现出的一种特性。在这种语境下，力具有如下性质：密度越大的物体拥有的力越大；体积、形状和重量相同的物体，其内含的力相等；物体距宇宙中心越远，它含有的重力越大。另外一种重力的概念则与悬挂在杠杆末端的重物有关。塔比·伊本·库拉论证了位于杠杆不同位置的同一物体拥有不同重力。这两类重力的概念在哈兹尼的著作中被统一为"物体重力的大小依赖于它相对于特定的点所处的位置"。尽

[①] N. Khanikoff, Analysis and Extracts of Book of the Balance of Wisdom, An Arabic Work on the Water-Balance, Written by'Al-Khāzinī' in the Twelfth Century, *Journal of the American Oriental Society*, 6(1858-1860):26.

管对重力概念的两种理解很大程度上以哲学思辨为出发点，但对后世仍很有启发性。物体重力随与地心距离变化而变化，直到 18 世纪才为近代引力理论所证实；而后一种观念则影响了欧洲中世纪静力学理论中所确立的"质量守恒，而重力可变"的原则。[①]

　　中世纪伊斯兰学者把之前阿基米德所创的测定平面重心的数学方法全面拓展到三维立体范围，并将其应用于现实情况。古希和海什木等人讨论了系统内多个立方体或平行面体彼此存在相连、相对、相切等空间关系时测定其重心位置的方法。而伊斯菲扎里进一步构建了测定多个不紧密相连的物体（比如球体）公共重心的方法。[②] 经过发展的阿基米德的几何化力学定律与运动学中的"重力"、"宇宙中心"等概念联系起来，构成了中世纪伊斯兰动力学理论。《论智慧的平衡》中记载了几条这方面的定律，其中最令人关注的是以下两条："当物体静止时，与宇宙中心重合的重物的点，称作物体的重心"；以及"当物体的运动停止时，它所有部分相对于宇宙中心的趋向都是一致的"。[③] 在这里，物体的重心被量化定义为作用于物体上的重力力矩之和等于 0 的点，"宇宙中心"是亚里士多德式的运动学概念，而力矩的计算则与阿基米德的方

[①] R. Rashed, 1996, pp.278-281.

[②] N. Khanikoff, 1858—1860, pp.29-30.

[③] N. Khanikoff, 1858—1860, pp.28-29.

法关系密切。

　　对两种传统的融合还体现在杠杆定律的发展上。在《论杠杆秤的平衡》里，先后两次证明杠杆定律，第一次是对亚里士多德式力学模型进行了几何阐述，而第二次则是严密的数学证明，伊本·库拉把《几何原本》中比例的计算理论和阿基米德的积分方法应用于力学问题，这种数学方法是在之前的几部匿名力学著作的基础上逐渐形成的。另一位学者伊斯菲扎里也用了类似的数学方法，但他还从亚里士多德的角度论证了杠杆还原于圆的问题，而不平衡杠杆末端的运动则被与"自然"和"受迫"运动相联系，重物的下坠是"自然"的，而上扬是"受迫"的，引起自然运动的原因是横杆相对宇宙中心的"自然倾角"。哈兹尼研究了杠杆的轴与其重心两个点之间各种位置关系对杠杆旋转的影响，这有可能源自阿基米德《论浮体》中对浸入液体的不同形状物体平衡稳定性的讨论。①

　　在流体力学方面，哈兹尼也将两种研究路径予以融合。他既认同亚里士多德"物体在介质中运动会受到阻力，其大小取决于物体的重量和形状"，也遵循阿基米德"物体所受浮力与其排开液体的体积和密度有关"。阿基米德《论浮体》中涉及的液体只有水，而哈兹尼考虑了把物体浸入各种密度液体的不同情况，浮力

① R. Rashed, 1996, pp.285-287.

定律因此更具一般性。[①]

　　经历几百年文化上的沉默之后，欧洲人在 12 世纪重新开始关注自然科学。其中力学知识从 13 世纪在欧洲受到重视，原因之一在于当时建设哥特式教堂的需求。欧洲人既翻译古希腊和阿拉伯的理论著作，也自己进行研究，其中该领域较著名的学者是霍尔丹（Jordanus de Nemore），对其个人生平，现在只知道他可能是意大利人。霍尔丹著有多部力学书，如《重的科学》。他研究了"位置的重力"等题目，其中对具有各种倾角的平面上平衡条件的证明，比伽利略要早约 400 年。[②]

三、丝绸之路上的器物与力学知识举隅：被中香炉

　　被中香炉是中国古代对生活中所见常平支架的称呼，又称滚毯、香薰球、卧褥香炉、熏球，中国古代盛香料熏被褥的球形小炉子，无论如何翻转，炉内盛放的香料都不会洒出。

　　从功能上说，被中香炉是红山及龙山等古文化中的熏炉演化出的类型。与兴盛于汉代的博山炉不同的是，被中香炉去除了底座，通过扣齿等方式将炉体密封，并设法解决炉体晃动造成的香料洒落沾污衣物的难题，从而获得使用环境方面更好的适应性

---

① N. Khanikoff, 1858—1860, pp.35-36.

② D. Capecchi, *History of Virtual Work Laws*, Milan: Springer-Verlag, 2012, pp.75-80.

和灵活性。最早提及被中香炉的文字出自西汉司马相如的《美人赋》:"于是寝具既设,服玩珍奇,金钜薰香,黼帐低垂。裯襦重陈,角枕横施。"其中的"金钜薰香",就是指一种金银制成的薰香小球。托名西晋葛洪著的《西京杂记》说:"长安巧工丁缓者……又作卧褥香炉,一名被中香炉。本出房风,其法后绝,至缓始更为之。为机环转运四周,而炉体常平,可置之被褥,故以为名。"[①]提供了关于这种器具几方面的重要信息,不过其准确性还有待其他史料的发现。依《西京杂记》所言,在起源方面,房风最早做出实物并在一定范围内流传,到丁缓时这些实物大抵已经丢失或损坏,人们不明白其原理,这样才需要重新发明。可见房风到丁缓之间应有一段相当大的时间或空间间隔。不过这里提到的房风应是《汉书·儒林传》中所载的房风,琅玡人,活跃于西汉成帝至新莽时期(前33—公元23),是当时春秋学的重要传承者。而丁缓活跃于西汉成帝年间(前33—前7),除被中香炉外,还制作过常满灯、九层博山香炉、七轮扇等。二者基本是同时期人,在仅有《西京杂记》这一份早期直接记载的情况下,只能依据《汉书》所记房风于哀帝至新莽期间外任九江太守、青州牧等职时,[②]所做被中香炉无人能解,而需丁缓更为之的时间则在公元前7年至公元后不久这一段时间之内。在结构和功能方

[①] 葛洪,《西京杂记》,中华书局,1985年,第8页。
[②] 班固,《汉书·儒林传·房凤传》,中华书局,1962年,第3619页。

面，《西京杂记》指出被中香炉内有能向各方向转动的机环，在转动时盛放香料的炉体保持平稳，这为考古发现的唐代被中香炉所证实。

目前出土的被中香炉，最早的就是唐代。其中尺寸最大的一个，是出土于陕西扶风法门寺塔地宫的鎏金双蛾纹银香囊，直径达 12.8 厘米。其他的有西安何家村所出葡萄花鸟银香囊等。香囊球身内部设有内外两个等大同心环和一个半球形焚香盂。当半球合拢后，由于内外持平环和焚香盂自身重量的作用，香盂重心向下，外部球体无论怎样转动，焚香盂都能始终保持水平状态。唐代被中香炉被贵族们广泛使用，这时的被中香炉还被挂在屋里的帷帐上，在唐朝诗文作品中常能看到被中香炉的影子。白居易曾写道："铁檠移灯背，银囊带火悬。"其中的"银囊"就是悬挂着的香炉。元稹有《香球》诗："顺俗唯团转，居中莫动摇。爱君心不恻，犹讶火长烧。"用香球来讲做人的道理，要外不随俗，内心坚定，爱心常在，像香球中的火一样一直燃烧。

唐代银熏球运用了捶揲、錾刻、镂空、鎏金等多种制作工艺，唐代工匠在制作器物成型时首先采用捶揲工艺即通过反复捶击的方法使之延展成片状，并在金银器物的表面，通过模具把预先设计好的图形敲击捶揲出凹凸起伏的图案；再通过錾刻工艺，以锤为工具，操作者一手拿锲子，一手拿锤子，用锤子在金银素坯上走形，边走边打，勾勒出基本纹样，然后经过各种精细的加工，使其有需要的图案留下，不用的去除，产生出镂空的效果。香囊通过工艺的捶饰斑纹，以工艺肌理达到新的艺术效果；最后球体花纹的局部采用錾金工艺，让金箔牢固地附在器物表面，使得香囊更加精美富贵。焚香盂是采用厚 1 毫米的金片放置在球形砧子上捶打而成的。香囊外壁、外层机环、内层机环、香盂之间用直径 1 毫米的银铆钉分别在 90 度角的位置连接，连接时各层之间垫有外径 2 毫米、孔径 1.5 毫米的管状垫片。整个香囊制作工艺精巧，可谓匠心独运，巧夺天工。[①] 而熏球上采用的葡萄等花纹是通过丝绸之路传入的纹饰，使得熏球又具有异域特色。

在力学原理上，被中香炉以支点悬挂的方式来保持物体平衡。物理学知识告诉我们，要使一个具有一定重量的物体不倾斜翻倒，最佳的方法是采用支点悬挂。香薰球就是采用了这种方法，将香盂悬挂在两边各有一个轴孔的内持平环中，当内持平环呈水平位置时，香盂因自身重量，可以前后轻微晃动而不会左右倾斜翻倒。但仅用一个持平环是无法避免香盂向轴向方向倾斜翻倒的。为解决这一问题，必须在轴向再做一个较大的持平环，将悬挂香盂的内持平环悬挂在外持平环上，并使两环的轴孔正好垂直，轴心线的夹角为 90 度。这样，内持平环能避免香盂前后方向倾斜；外持平环则能防止香盂（包括内持平环）左右倾斜。盂心随重心作用，始终与地面保持平行，无论熏球怎么转动，盂内的香料都不会洒

---

① 陈菲，《唐代葡萄花鸟纹银香囊的研究》，《上海工艺美术》2015 年第 3 期，第 81—83 页。

出，可置于被中或系于袖中。现代通常把这类机械装置称为万向支架或常平支架，是航海、航天等领域常见的陀螺仪的一部分。中国古代还有一些器物运用了相同原理。例如唐代张鷟《朝野佥载》中记载武则天时期海州（今江苏连云港）所进工匠曾制作过一种称为"木火通"的取暖器，"铁盏盛火，辗转不翻"。这名工匠还制作过能报时的"十二辰车"，可谓机械装置的行家里手。他来自海上丝绸之路的交通要地，其技术知识是否受到外来文化影响尚不得而知。[①] 到宋代这个原理还运用到杂耍上面，制作出"滚灯"。滚灯一般制作成圆球形，里面放置一颗小球，小球用红布包裹，里面点上蜡烛。滚灯四处滚动，但是里面的蜡烛不灭。据南宋著名诗人范成大在诗中记述："掷烛腾空稳（小球滚灯），推球滚地轻（大球滚灯）。"清代海盐文人彭孙贻诗《轮灯》的小序中有"儿童缚竹为轮，辗转相环，旋转飞覆，而灯不倾灭。壮士运之，衢中腾掷不休，曰滚灯"的描写。时至今日，我们还能在上海奉贤的柘林古镇等地看到滚灯的身影。

如果单纯以中国或近代西方的记载和实物出发的话，被中香炉在古代中国拥有一条完整的发明—应用—传播线索，在时间上从西汉至明清，在用途上以香炉为核心向其他功能发散，在记叙上则有众多文人记载的佐证。加之近代物理对常平支架的认识起于意大利学者达·芬奇（Leonardo da Vinci）和卡丹（G. Cardano），故被

[①] 张鷟，《朝野佥载》，中华书局，1979 年，第 142 页。

中香炉常被作为中国古代存在的近现代科技知识的先声而被举例。然而，如果我们放宽视野，那么下结论还为时尚早。在 13 世纪后的伊斯兰世界，以铜为主要材料，形制与中国古代被中香炉大同小异的熏球很常见。这些熏球的直径从几厘米到十几厘米不等，其花纹较唐代熏球更加繁复，并常带有阿拉伯文铭文。以美国大都会艺术馆所藏铜熏球（收藏编号 17.190.2095a，b）为例，其原产地为马穆鲁克王朝统治下的叙利亚大马士革，时代为 13 世纪晚期至 14 世纪早期。此球外壁布满奖章纹、鸭纹及各类植物纹样，并分几处錾有赞颂真主和当地统治者的铭文。[①] 此外，在日本、意大利等地，也有形态类似且不乏当地文化特色的被中香炉。从年代和风格而论，中国以外的被中香炉大可视为从中国外传而各自演化，其传播途径很可能是以丝绸之路贸易为载体。

　　不过，这并不代表被中香炉所含的科技知识在古代西方世界从未出现。活跃于公元前 3 世纪的古希腊工程师菲隆（Philo of Byzantium）在其《气动力学》（*Pneumatica*）中设计过一种装在棱柱形盒子里的墨水瓶，盒子的每个面上都有供笔穿过的孔，无论哪个面朝上，墨水瓶的瓶口都保持方向朝上而不会将墨水洒出。尽管李约瑟等学者认为此书系阿拉伯学者在 9 世纪的托名伪作，

---

① M. Ekhtiar, et al., *Masterpieces from the Department of Islamic Art in the Metropolitan Museum of Art*, New Heaven: Yale University Press, 2011, pp.139, 154.

图 4-3　美国大都会艺术馆所藏被中香炉

但目前大多数学者认为该译本比较忠实地体现了希腊语原本中的思想。所以并不能完全排除平衡环在古希腊的独立起源。但我们尚难以确定这条知识源流对出现在阿拉伯世界的被中香炉的影响。从西亚被中香炉的周边影响来看，值得进一步关注的是万向支架与古代天文仪器之间的关系，这从希腊化－拜占庭时代的浑仪、天球星盘等仪器形态的相似性上就可见一斑。[1]浑仪在中国汉代已经出现，具有独立转动能力的各环，是否启迪了丁缓等工匠制作被中香炉的奇思妙想呢？也许未来我们能够在丝绸之路上发现更

---

① 例如牛津科学史博物馆所藏的 15 世纪球状星盘（收藏编号 49687），具有几重相互垂直的外环，内球可以转动。

多相关资料。

第二节 古代东西方的光学知识

光学是研究光的性质的物理学分支。世界大多数主要古文明，都或多或少了解透镜等光学器具及其知识。在哲学方面，古希腊和古印度学者对光的本质展开了讨论。他们关于光的认识为中世纪伊斯兰学者所吸收和发展，他们的成果又传回欧洲，开启了早期现代光学的探索。而中国古代光学知识则呈现出相对独立的传统。古代光学都属于"经典光学"范畴，区别于 19 世纪以来以波动论为特征的现代波动光学。

一、古文明中的光学实践

人类最早对光学的利用无疑是以水为镜，而人工制作的镜子最早可以追溯到公元前 6000 年前后的土耳其加泰土丘（Çatal Hüyük）新石器时期遗址。在这里人们用黑曜石（一种在火山作用下形成的天然玻璃）为原料，将其打磨光滑并略微呈现凸面，使镜面提供极好的反射性能。[①] 有理由相信在这些制作精良的镜子之前，人们还曾使用过打磨粗糙的平面石镜。此外这些镜子通常作

---

① P. Albenda,Mirrors in the Ancient Near East, *Notes on the History of Science*, 4(1985): 2-9.

为女性陪葬物出土。古埃及的镜子最早出现于约公元前 4500 年，主要使用磨过的云母或具有反射性的板岩。[1] 最早使用的金属制作的镜子出现在公元前 3200 年美索不达米亚南部的乌鲁克（Uruk）和特罗（Tello）等遗址。此后镜子在西亚和埃及的古文献和浮雕图像中变得常见。早期镜子近似于平面（加泰土丘的镜子是例外），而后多为凸面，其优点是利用凸面镜成像原理，用尺幅较小的镜子也能完整地映出人面，这样就节约了宝贵的原材料。

在古埃及第四至第五王朝（距今约 4600 年），人们把水晶制成的小凸面镜镶嵌到雕塑的眼睛上，以达到无论围绕雕像的观者转到何种角度，都会感到雕像的眼睛随之转动的效果。古埃及人显然是有意利用凸面镜反射时使光线发散的性质，来获得上述装饰效果，这类技术在古埃及一直存在到公元前 18 世纪的中王国时期。[2] 随后这类装饰在地中海及其沿岸广为传播。[3] 经过比较，可以发现两河流域、古埃及、黎凡特乃至印度河流域和克里特诸文明中镜子的发展，呈现出同步发展的趋势。早期欧亚大陆上的

[1] R. Bianchi, Reflections in the Sky's Eyes, *Notes on the History of Science*, 4(1985): 10-18.

[2] J. Enoch and V. Lakshminarayanan, Duplication of Unique Optical Effects of Ancient Egyptian Lenses from the 4/5 Dynasties, *Ophthalmic and Physiological Optics*, 20(2000): 126-130.

[3] G. Sines and Y. Sakellarakis, Lenses in Antiquity, *American Journal of Archaeology*, 91(1987): 191-196.

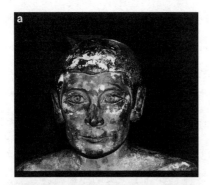

图 4-4   以凸面镜作为眼睛的古埃及雕像

铜镜含锡量不高，一般低于 20%，低锡青铜反射率较低，所制镜不明亮，因而古埃及才以玻璃镜为其传统。中国境内最早的铜镜发现于西北地区的齐家文化遗址，其年代为公元前 2000 多年，从铸造技术及器型风格来看，有可能从西伯利亚南部的草原之路传播而来。[①] 到公元前 1000 年以后，制镜所用青铜含锡量提升至 20% 以上。在《考工记》的文献记载，以及印度南部喀拉拉（Kerala）等地发现的铜镜实物所作成分分析中，含锡量更高达 33%。铜镜制作技术的变革显然与青铜合金配方的改进关系密切，而在公元前的 2000 余年中，欧亚大陆广大地区内，如古罗马、古印度、春秋战国时的中国等文明，铜镜演进的顺序和大致时间呈基本同步趋势，[②] 此时包括铜镜在内的金属制品，很可能是一大类被广为传播的贸易品，贸易

---

① A. Julianno,Possible Origins of the Chinese Mirror, *Notes on the History of Science*. 4(1985): 36-45.

② H. Selin, 2008, p.1699.

中枢地带应是西亚地区，而从中亚向东北、向南的方向则是传播的重要通道。[1]

　　齐家文化出土的铜镜器型微凸，而到西周初期，出现了凹面镜（"阳燧"），《周礼》记载"掌以夫燧取明火于日"，即利用凹面镜反射时将光线聚拢的特性来取火。汉代《淮南子》和《论衡》等著作则记载把青铜杯和刀剑的凹面部分（"钩月"）摩擦光滑后，也可以取火。[2]西方对凹面镜的使用相对较少，古希腊人把凹面镜称为"燃烧镜"（burning mirrors），比中国对凹面镜的认识和利用晚数百年。

　　各类镜子利用的是光的反射，而透镜则利用了光的折射。前述古埃及镶嵌雕像用的凸面镜，由于它是透明的，本身也是凸透镜。年代最早的单独出土的凸透镜出土于克里特岛克诺索斯王宫遗址，约为公元前 14 世纪。另一著名的早期凸透镜发现于伊拉克北部尼姆鲁德（Nimrud）的古亚述遗址，年代约为公元前 8 世纪，现收藏于大英博物馆。该透镜用水晶制成，一面为平面，另一面微凸，焦距约 12 厘米。它相当于放大 3 倍的玻璃镜片，但在当时很可能并无放大或取火等实际用途。[3]

[1] J. Enoch, History of Mirrors Dating Back 8000 Years, *Optometry and Vision Science*. 83(2006): 775-781.

[2] 戴念祖，2001 年，第 204—205 页。

[3] G. Gasson, The Oldest Lens in the World: a Critical Study of the Layard Lens, *The Opthalmic Optician*, 1972-12-9,pp.1267-1272.

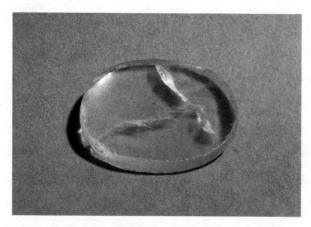

图 4-5   尼姆鲁德出土的古亚述凸透镜

玻璃作为人工制作的透明材料，在公元前 8 世纪时开始与透镜联系起来。在一个有巴比伦风格雕饰纹样的碗里，有玻璃做的浮饰，其下方中央是凸面。而公元前 4 世纪时，已经常见玻璃材质的透镜形状的佩饰。[①] 罗马人主要用玻璃做透镜，从庞贝古城遗址和埃及塔尼斯（Tanis）等地的罗马时期遗存中都能发现玻璃透镜。从材质上说，玻璃不如水晶，因为后者具有更大的折射率（1.54 比 1.46），这使得同样尺寸的水晶透镜比玻璃透镜的放大倍数大 20%，而具有同样放大倍数的水晶透镜，比玻璃透镜更薄，这样可以减小球面像差。古希腊人注意到凸透镜可以聚光乃至生火，故而又称它为"燃取火镜"（burning glass）。人们在透镜中央留一个小孔，可以手持细棍穿过小孔，这比用金属圈固定透镜更

---

① J. Enoch, The Enigma of Early Lens Use, *Technology and Culture*, 39(1998): 273-291.

经济。相比起保存火种或使用弓钻等工具取火，使用透镜取火更加便捷。古希腊剧作家阿里斯托芬（Aristophanes）在喜剧《云》中提到了"燃取火镜"，其后老普林尼（Galius Plinius Secundus）、卢克莱修（Titus Lucretius Carus）等多名罗马学者也记载用透镜或充满水的玻璃球对着阳光取火的技术。[①]凸透镜的这种特性被用于医学方面的炙烤皮肤，以及在宗教仪式上获取圣火。[②]当时还很少有人把凸透镜用作放大镜，唯一的记载是罗马哲学家塞内卡（L. A. Seneca），说他曾用充满水的空心玻璃球来欣赏书法，但眼镜直到文艺复兴时期才得到发明。以水晶制成的凸透镜在中国出现较晚。山东诸城战国墓葬中曾出土偏圆形水晶，但尚不能确定其是否作为凸透镜使用。汉代《淮南万毕术》中记载"削冰令其圆"，把所做的冰透镜对着太阳以取火。西晋张华在《博物志》中记载"用珠取火"，晋代凸透镜已在甘肃嘉峪关西晋墓和南京郭家山东晋墓中有所发现，它是否为西方技术传播的结果，尚有待进一步考察。[③]

二、古典时期的光学理论

对光反射与折射性质的利用，以及长期以来对光线、影、颜色等光学现象的观察，促使学者们对光的本质和特性展开理论化

[①] G. Sines and Y. Sakellarakis, 1987, pp.191-196.

[②] B. Laufer, Optical Lenses: I. Burning-Lenses in China and India, *T'oung Pao*, 16(1915): 176.

[③] 戴念祖，2001 年，第 225—226 页。

思考。其中讨论最完整、观点连续性最强、理论化程度最高的应数古希腊人。

现在所通行的"光学"（optics）一词可追溯到古希腊语 *optika*，这个词又由动词 *opteuō*（"看"）演变而来，其词根为 *ōps*（"眼睛"）。显然，在古希腊语境中，光学与眼睛的视觉有关。所有古希腊视觉理论都有一个共同点，即视觉产生于眼睛和所视物体之间的物质联系。但如何产生联系则是不同理论之间的歧异所在。

第一种观点可概括为"进入论"。伊壁鸠鲁（Epicurus）和罗马学者卢克莱修等原子论者认为，物体散发出的原子会在周边空间形成原子尺寸厚度的薄壳，这些壳就是该物体的复制品（*eidola*），它们直接或间接地进入人的眼睛，成为视像。有趣的是，原子论的"祖师爷"德谟克利特本人倒不像其后学那么直截了当。他认为物体会压缩周围空气，形成印迹，就像用蜡覆盖器皿后形成的模型，人看到的是物体印在空气里的模型，而不是物体散射出的微粒形成的复制品。[①] 起初原子论者面临着两方面的难题，首先，人眼如何看到面积更大的物体（物体的薄壳无法全部进入眼睛）；其次，黑暗中人为什么看不到物体（物体仍在抛出薄壳冲击眼睛）。卢克莱修解释第一个难题时，认为复制品的一小部

---

① A. Smith, *From Sight to Light: The Passage from Ancient to Modern Optics*, Chicago: University of Chicago Press, 2014, pp.30-31.

分也能反映其整体性质，而对于第二个问题，他认为发光体能不停散射光原子，这些原子把空气原子之间的缝隙扩大，使得物体的像能够自由行动到眼睛里。也就是说，晚期原子论者认为在视觉过程中，光源和可见物都是必不可少的。[①]

另一种观点则是"散出论"。这种源于毕达哥拉斯学派和恩培多克勒（Empedocles）的传统观点把视觉纳入世界的基本构成元素体系之内，认为视觉肇因于"内在的火"，从眼睛出发去接触外物，后者即变得可见。也就是说，眼睛之所以能看到物体，是因为物体屈折了眼睛发出的光。斯多噶学派（如盖伦等）则持该理论的一种变体，即眼睛散发出"视气"并充满其表面，产生"视觉路径"，通过这种路径，眼睛辨识出可视物体，就像盲人用拐杖"看"路。还有一些论述是两类认识的杂糅体，如柏拉图在《蒂迈欧篇》里说，一方面物体散射出原子，一方面眼睛发出"微弱的火"在物体周边形成"感觉介质"，视觉是二者相遇后导致粒子振荡而形成的。[②]

作为一名百科全书式的学者，亚里士多德对光学本质的思考远超出感觉的程度。他认同德谟克利特的一些理念，如空气受到

[①] O. Darrigol, *A History of Optics from Greek Antiquity to the Nineteenth Century*, Oxford: Oxford University Press, 2012, pp.4-5.

[②] A. Smith, Ptolemy's Theory of Visual Perception: An English Translation of the 'Optics' with Introduction and Commentary, *Transactions of the American Philosophical Society*, 86(1996): 22.

压力后会形成物体的印迹。但与后者不同的是，亚里士多德尝试把光学现象几何化，而不仅仅是讨论概念。在其《物理学》中，亚里士多德谈到"数学中更自然化的分支"中包括"光学、声学和天文学"。他认为这些分支与几何学形成对应，几何学是"探索自然的线，但却不是以自然方式地；光学以自然的方式探讨自然的线，而不是数学的"。在这里，亚里士多德既指出虚拟与实在的线所对应学科的差异，又暗示着数学上的线也具有物理实在性，只是在研究中将它抽象化了。在《形而上学》中，亚里士多德认为彩虹形成自空中小水滴对太阳光的反射，这些云层里的小水滴分布于他以几何比例运算求出的同心弧形分层之中，水滴是如此之小，以至于人们无法在其上看到太阳，而只能看到它们自身表面的颜色。彩虹的亮度取决于云相对的暗度，颜色则与太阳反射光因距离而衰减的程度有关，强光呈红色，稍弱的光呈绿色，更弱的光呈紫色。这个解释兼有分析和经验的因素，彩虹与光的反射有关，而反射遵循以比例为数学特征的精巧定律（尽管亚里士多德发现的定律是错误的）。[①]

　　在亚里士多德之后，欧几里德进一步在几何方面发展了光学。与《几何原本》类似，他在《光学》中创见有限，更有价值的是把前人论述纳入一个严密的公理化体系之中。此书以7条公理作为其光线理论的出发点。在前两条公理中，欧几里德构建了

———————————————

① A. Smith, 2014, pp.25-29.

以眼睛中某一点为顶点，从这里发射出离散的成束光线，并以视野为底面的圆锥。公理 3 意为在视野之内，光线所触的任意点都是可见的，而不触及的点均为不可见。公理 4 规定任意可视物体的视面积取决于从视锥顶点到物体两端的张角。公理 5 和 6 讲物体对应光线的高低左右，在视野内表现出高低左右的位置。最后一条公理是，被更多光线触及的物体，比较少光线触及的物体看得更清楚。以上述公理为语境，欧几里德对 58 条定理给出了简洁明了的证明过程。其中大多数定理都涉及在物体相对观察者形成的视角给人带来的尺寸、距离和形状等感觉问题。欧几里德的光线理论并不完善，对于很多问题他无法给出答案。例如在离散光线的前提下，为什么我们看物体表面却是连续的？再如，物体视面积仅取决于视角（公理 4），为什么视角相等但距离较远的物体会给人比较大的感觉？欧几里德忽略了色彩的成因，也没有讨论光线在眼中是如何形成的，他也避而不谈影响视觉的心理因素。这些问题最终留待几百年后托勒密在《光学》一书中尝试解决。[①]

托勒密可谓古典时期哲学和数学两方面光学理论的集大成者。他的 2 卷本著作《光学》现在仅存形成于 1160 年前后的拉丁语译本，该本所据的阿拉伯语版本，以及阿拉伯语译本所依据的二次母本古希腊语原本皆已佚失。拉丁语译本的问题在于其译者尤金

---

① A. Smith, 2014, pp.47-54.

纽斯（Eugenius of Sicily）尽管谙熟阿拉伯语，对拉丁语却不甚精通，故该译本不乏佶屈聱牙之处。更糟的是，该本所据的阿拉伯语本还不完整，丢失了全书的第 1 卷（只在第 2 卷序言里保存了梗概）和第 5 卷的后半部分。但以上缺点无损于该著作在科学史上的重要价值。这部书完成于托勒密晚年（约 160—168），无论内容还是方法都颇受略早的另一部巨著《至大论》（*Almagest*）的影响。托勒密延续了欧几里德的光线论，但他强调光线的流动无论在任何意义上都是完全连续的，而不必把光线分离成单根物理实体，后者只是为分析方便而虚设的形象。托勒密以几何作为分析工具，但没有束缚于此，而是寻找支持其视线观点的物理学和心理学证据，从而超越了欧几里德的光学理论。在内容上，该书第 2 卷讨论了一般意义上的视觉过程；第 3、4 卷探索了光在平面、凸面和凹面上的反射和像的形成，并设计实验验证了物体的镜像在其入射光线方向的延长线上、物体上特定点与其镜像之间的连线与镜面垂直以及更重要的，连接瞳孔到镜面的反射光线，与从物体到镜面的入射光线相交于反射点，并与在该点的镜面垂线形成相等的夹角等三个反射规律；而具有深远意义的第 5 卷则通过实际测量，涵盖了对光进入空气、水、玻璃等不同介质时产生折射的分析。从论述的范围和细致程度上看，这部书都是空前的。①

---

① A. Smith, 2014, pp.76-80.

在古典时代，世界其他文明也不乏对光学知识的探讨。其中理论概括程度可与古希腊哲人相媲美的，是中国战国时期《墨经》中对相关知识的讨论。该书以连续八条文字概括了光学的相关概念。其中有四条论影的性质，如当两个光源同时照耀一个物体时，本影和半影的生成；光线经平面反射后，人影与光源位于人的同一侧；以及影的粗细长短变化规律。《墨经》所记最为人称道的当数对小孔成像的记载，包括通过小孔的光会形成物体的倒像，像的大小与屏和小孔距离、小孔和物体距离有关，而且孔越小，像越清晰。"经说"里进一步详述，说光线以极快速度呈直线穿过小孔，在小孔前的物体的下边居于像的上边，反之亦然。如果遮挡住物体的下边或上边，则影像也相应缺失上边或卜边。对于平面镜成像，《墨经》说"鉴景，就当俱，去亦当俱……鉴者之臭，于鉴无所不鉴"。对于水平面的镜面反射，"临鉴而立，景倒"。《墨经》中的光学知识主要是经验性的，而数学严密程度不足。由于汉代以后墨家学说渐趋散佚，《墨经》中的知识传统缺乏连续性，其文本也渐渐亡佚，导致现存本行文多有讹脱，文字古奥难懂，对其如何解释多存争议。

古典时期古印度光学理论主要由正理论 - 胜论学派提出，他们认为光与热一样，都是火元素之同类物质构成的不同形式。此外，古印度人观察猫等夜行动物在暗处眼睛发光的现象，也认为视觉源于眼睛所放出的光线与物体的碰撞。依据眼睛所散射出火元素的速度和排列，光线展现出不同特征。光具有"色"和

"触"的性质，其中"色"为其特有。对颜色的感知需要"色"变得明显，依据"色"和"触"两种性质的显隐，光呈现出不同表现。比如阳光既明亮又温暖，可以被眼睛和皮肤两个器官感知到，因此它两个特性都是显性的；而眼睛发出的光线中的"色"是隐性的，故它不为人察觉。对于反射，伐蹉衍那（Vātsyāyana）等正理论者的观点是，镜子先天具有一种特殊的"色"，当人站在镜子前时，眼睛射出的光线撞击镜子并折回，人们看到的镜像是镜子本身之"色"带来的感觉。此外，古印度人对眼睛也充满兴趣，正理论 - 胜论学派认为眼睛主要由火元素组成，而佛教徒则认为眼睛通过外来光线和观察者过去的行为感知外在物体。[1] 对眼睛性质的争论与古印度眼科医术的发达很可能有密切联系。

三、中世纪东西方光学知识的发展

　　与其他许多学科一样，到罗马时期，哲学和数学都高度发展的古希腊光学传统渐趋衰落，学术研究的重心向东转移到西亚地区。作为古希腊光学知识的继承和发扬者，伊斯兰光学几乎完全承袭了古希腊光学的问题、概念、结论甚至两种研究传统，但这并不妨碍伊斯兰学者展开创新性研究。

　　古希腊著作于 9—10 世纪这两百年内被大规模翻译为阿拉伯

---

① D. Bose, S. Sen, B. Subbarayappa, 1971, pp.480-481.

语，伊斯兰学者在注疏中纠正以往学说中的谬误，并添入自己新的观点。学者们向哈里发和王子们讲述阿基米德运用燃烧镜击退罗马舰队的故事，激发了统治阶层对科学的兴趣，并获得庇护和充裕的财力支持。古希腊光学著作的早期阿拉伯译本现在几乎全部佚失了，只遗留下极少数关于眼科的片段。但 9 世纪学者如库斯塔·伊本·卢卡（Qusṭā Ibn Lūqā）和肯迪（Al-Kindī）等人肯定熟稔于欧几里德在《光学》中提出的光线论以及与之相关的几何视角下的光学性质，如平面镜上光线的反射、燃烧镜（太阳光在凹面镜上的反射）、晕和虹等大气光学现象等。除几何方法外，眼科中的视觉理论以及涉及颜色的反射理论也是当时伊斯兰光学知识的组成部分。到 10 世纪中期，几乎所有古希腊光学著作，包括托勒密的《光学》、托名欧几里德的《反射光学》、亚里士多德的《气象学》、盖伦关于眼睛生理学和解剖学的论述，以及希罗等学者的著作，都已为伊斯兰学者所知。[①]

　　这一时期光学领域的两名主要伊斯兰学者是库斯塔·伊本·卢卡和肯迪，前者主要以翻译者而闻名，后者则更追求理论上的发展。在肯迪的著作《透视法》（*De Aspectibus*）中同时记载了亚里士多德和欧几里德两种范式下的光学理论，肯迪以孰能更好解释视觉经验为标准，来判定哪种范式更为准确。比如对于从某种角度看一个圆，圆会变成一条线。从亚里士多德的观点来看，

---

① R. Rashed, 1996, pp.299-300.

圆应当以完全形式的印记进入眼睛，它应当呈现为一个圆，而欧几里德的观点则能提供一个几何模型来解释前述现象。在解释光的反射方面，欧几里德的观点也更加有力。出于这些原因，肯迪更认可欧几里德的光学范式。[①] 但同时他又绝不是欧几里德亦步亦趋的追随者，肯迪认为欧几里德纯粹从几何角度去探索光学，存在与真实感觉相悖之处，故而他在试图证明欧几里德《光学》中所列公理的同时，也努力去讨论人的心理因素在透视中的作用。此外，他对"燃烧镜"（凹面反射）的研究，也开启了伊斯兰光学的一个研究传统，甚至对欧洲文艺复兴时期的视觉理论与光学研究都产生过影响。[②]

肯迪之后的学者们继续研究凹面反射，但到 10 世纪末，光的折射理论也开始出现迅猛发展的势头。伊本·萨尔（Ibn Sahl）是 970—990 年间居于巴格达的数学家，他完成于 984 年，但直到上世纪 90 年代才被重新发现的《论燃烧工具》（*Fī al-Ḥarrāqāt*）是已知第一部关于透镜几何理论的著作。在此书中，作者不再对光在不同介质间的传播进行模糊的描述，而是假定存在一个常数比值。该比值的计算方法是，假定光从 O 点斜射入交界为平面的不同介质，入射光线的延长线与折射光线分别与交界的垂线交于点 P 和 Q，则比值等于 OP/OQ，即现在所用的折射系数 n 的倒数。伊

① P. Adamson, *Al-Kindi*, New York: Oxford University Press, 2007, pp.166-168.
② R. Rashed, 1996, pp.301-308.

本·萨尔对折射定律的数学阐述比荷兰人斯涅尔要早约六百年。[①]

伊本·萨尔完成其著作时，年轻学者海什木刚刚开始其学术生涯，而就在后者的努力下，经历两个世纪积累的伊斯兰光学终于迎来变革性的发展。这位被中世纪欧洲人称为"第二托勒密"的学者早年熟读古希腊各学者著作，但他秉持着"如果科学家的目标是学习真理，那么他必须把自己变成所读到知识的敌人"的治学精神，这使得他大大超越了前人的认识。他投奔当时素有支持科学尤其是天文学美誉的埃及哈里发，但不幸的是，海什木因指出哈里发当时意欲修建的尼罗河水利工程根本不切实际，而遭到软禁。在受羁押期间他完成了涵盖光学、数学、天文、医学、化学等诸多领域的科学著作的写作。

海什木的光学研究大大拓展了先前光学研究的广度和深度，其主要著作为 7 卷本《光学》（*Kitāb al-Manāẓir*）。该书于 12 世纪被翻译成拉丁语，直到 17 世纪都不断有人以阿拉伯语和拉丁语为其评论和注释。海什木所作重大突破的基础在于，他在光学史上首次明确了光传播的条件与可见物体的条件之间的区别。这一方面为光的传播定律提供了物理上的支持，即类比于把一个固体小球抛向障碍物所呈现的机械运动，另一方面，是几何方法和观察实验手段的普遍应用。光学研究摆脱了之前诸如"感觉的几何化"等模糊概括，而被明确划分为两个部分：与眼睛结构与感知心理

---

① H. Selin, 2008, pp.1117-1118.

有关的视觉理论，和联系于几何光学及物理光学的光线理论。《光学》一书里，第 1 卷的第三章和第 4—7 卷讨论光线传播，提出许多新的问题，而其余部分论述视觉及相关领域。①

　　《光学》是以对既往概念的摒弃与重塑为起点的。海什木反对任何形式的散出论，同时他又与当时其他拥护进入论的哲学家（如伊本·西纳〔Ibn Sīna〕）略有差别，他认为眼睛感受到的是物体的精简形式，而不是其全部，光从可见物体的每一个点射向眼睛，那么眼睛如何感知这些光线的呢？通过经验性的概念，海什木给出视觉产生的六个条件：所视物体必须本身发光或由其他发

---

① 该书英译本有 A. Smith, Alhacen's Theory of Visual Perception: A Critical Edition, with English Translation and Commentary, of the First Three Books of Alhacen's De Aspectibus, the Medieval Latin Version of Ibn al-Haytham's 'Kitāb al-Manāẓir', *Transactions of the American Philosophical Society*. 91(2001):1-819; Alhacen on the Principles of Reflection: A Critical Edition, with English Translation and Commentary, of Books 4 and 5 of Alhacen's 'De Aspectibus', the Medieval Latin Version of Ibn al-Haytham's 'Kitāb al-Manāẓir', *Transactions of the American Philosophical Society*, 96(2006):1-697; Alhacen on Image-Formation and Distortion in Mirrors: A Critical Edition, with English Translation and Commentary, of Book 6 of Alhacen's 'De Aspectibus', the Medieval Latin Version of Ibn al-Haytham's 'Kitāb al-Manāzir', *Transactions of the American Philosophical Society*, 98(2008): 1-393;Alhacen on Refraction: A Critical Edition, with English Translation and Commentary, of Book 7 of Alhacen's 'De Aspectibus,' the Medieval Latin Version of Ibn al-Haytham's 'Kitāb al-Manāzir', *Transactions of the American Philosophical Society*, 100(2010): 1—550.

光体照射；它必须与眼睛相对，即可以在眼睛与物体间作直线；物体与眼睛之间的介质必须透明；所视物体必须比介质不透明以及所视物体必须具有一定清晰度。海什木清楚地划出光线传播与视觉发生之间的界线。他所列出的光传播的性质，诸如相对于视觉，光是独立且外在的；它具有极快的移动速度而不是即刻完成；发光或被照亮的物体向所有方向发出呈直线的光，等等，也都与视觉没有任何关系。

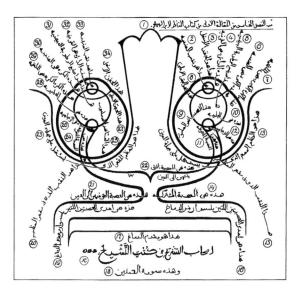

图 4-6   海什木对人眼睛结构和功能的阐述

《光学》的第4—6卷主要探讨光的反射。海什木进一步扩展了这个研究历史悠久的领域。他引入物理学思想来解释已有的观点及新的现象。其中第 5 卷他提出了现在以其拉丁名字命名的"阿尔哈曾问题",即基于给定点的光源、观测者及球面镜,找出镜面上一点,使得光线反射到观测者眼睛中。海什木利用圆与双曲线相交,将其化为求四次方程解的问题。第 7 卷涉及光的折射,该卷始于伊本·萨尔提出的数学定律,随后给出更复杂的几条定律。这些定律实际上不能推广到任意情况,但按照海什木做实验所限制的条件,如介质为空气、水和玻璃,以及折射角不大于 80° 等,都是成立的。海什木还描述了小孔成像原理,设计了照相机暗箱,尽管这比中国《墨经》晚了一千多年,但它引起中世纪学者们很大兴趣,并促进了人们对眼睛功能的理解。

海什木之后,伊斯兰世界陷入混乱,学术研究停滞。不久学术文献从阿拉伯语回流欧洲的翻译运动开始兴起,拉丁语世界开始扛起发展光学理论的大旗。

在翻译运动兴起之前,中世纪欧洲学者对光学的了解模糊而不成体系,所引用的主要文献是卡科狄乌斯(Calcidius)于 321 年前后翻译成拉丁文的柏拉图《蒂迈欧篇》,在之后约 800 年中,学者们对柏拉图的光学思想进行基督教化的解释。[①] 到公元 12 世纪末,亚里士多德的研究方法开始再次为欧洲学者所运用,而古典时代的光学知识也和作为其传播中介和发扬光大者的阿拉伯学者论述一起回流到欧洲。13 世纪初的许多欧洲学者对肯迪和海什

---

① A. Smith, 2014, p.232.

木的学说都比较熟悉，例如既是科隆主教又是中世纪重要哲学家的大阿尔伯特·麦格努斯（Albert Magnus）。大阿尔伯特花费很大力气来论述光的传播和感知，他把海什木视为此领域的主要权威，同时相信亚里士多德探索科学知识的方法不会对基督教教义构成任何困扰，然而他在解释人脑对光的认知时又有意使之符合奥古斯丁以来的基督神学框架，并用光的神学意蕴来联系人类智慧上的完善。① 在具体理念上，大阿尔伯特格外痴迷于彩虹，他还认为光速是有限的，提出月亮上的阴影源于月表地形的变化而非地球海陆轮廓的投射等观点。与大阿尔伯特同时代的英国学者在研究光学时则从亚里士多德的遗产那里受益更多，并更注重光的几何化研究。例如格罗斯泰特（Robert Grosseteste）比较系统地实践了亚里士多德"分解与重组"的研究方法，在他那里，光学是数学下属的一个次级学科。尽管光是所有事物的"第一形式"和所有物种与运动之源，但它可以简化为点和线来运用数学工具进行充分解释。这个研究理念又大大影响了罗吉尔·培根（Roger Bacon）。后者在其光学著作中广泛引用了海什木、亚里士多德、阿维森纳、欧几里德、肯迪、托勒密等各种源头的古典时代和中世纪光学理论。罗吉尔·培根格外强调通过科学实验来推进理论探索，并想方设法把探索到的知识应用于生活实际。例如他利用光的折射和反射规律改进了望远镜、显微镜和眼镜，并证明了彩

---

① A. Smith, 2014, p.246.

虹的本质是空气中水珠对阳光的反射，而不是上帝的创造。光学是罗吉尔·培根的科学探索的主要方面，从此之后，实验开始成为科学研究的主要手段之一。

第五章　丝绸之路上的建筑

第一节　混凝土与古罗马建筑革命的地方性

是否存在着局限于地方性的技术革命？在当代世界，所有技术革命都具有普遍性特征——微软的软件、苹果的手机、华为的5G网基站，这些新技术能够迅速地传播到世界的各个地区，并且随着网络技术的发展和地球村趋势的加速，技术全球传播的速度将变得越来越快。我们应当重视的是，科学理论构成技术的先导，这是当代技术具有普遍性的一个根本原因。当代的技术不同于古代世界的技术，它不能简单看作经验总结和瞬间灵感，数理化生等基础科学理论的激发，电子、计算机等领域的理论先导，科学实验室成了新通信技术形成的温床。在当代世界，我们很难看到仅仅局限于一个地区和种族的技术。比如，新西兰的猕猴桃是全球品质最好的，但在理论上讲，我们要是能够掌握猕猴桃种植的

相关生物知识，寻找到相似地理环境的地区，或者创造出相似的
环境，在其他地区也有可能得到同样的品质。比如，中国陕西的
纬度位置、地理环境与新西兰有一定的相似性，它移植新西兰猕
猴桃获得了成功，这是典型的例子。

　　古代世界的技术革命是否具有普遍性特征呢？这是一个复杂的
问题。有些古代世界的技术革命具有普遍性的特征，比如，中国的
丝绸技术是可以外传的，不仅中国的丝绸产品成为古罗马人的时尚，
中国桑蚕养殖和丝绸加工技术也传播到了波斯，成为波斯锦材料和
工艺的重要来源；有些古代技术革命具有地方性的特征，比如在
近代以前，中国景德镇瓷器制造技术一直都未能被西方掌握，最
重要的一个原因是西方未能找到恰当的高岭土材料；再比如，古
罗马建筑革命，也是一场具有地域局限的技术革命。

　　我们习惯把技术传播的阻碍归于文化因素、地理因素，如下
试图阐明，技术传播的障碍也有可能源于古代技术本身所具有的
地方性特征。在古代世界，交通非常困难，地理的阻碍是重要的
原因，但全球范围内动植物物种等还是广泛传播，金属冶炼、丝
绸技术存在着大量交流。阻碍古代世界技术全球交流的一个未曾
受到充分重视的原因是，古代技术革命也有可能具有地方性特征。
以古罗马建筑革命为例，它所依托的建筑材料革命——以火山灰
为核心原料的古罗马砂浆具有地方性特征，从而使得古罗马混凝
土技术无法扩展到其他文化区域，进而引发更大范围地区的建筑
革命；又由于古代技术革命没有科学革命的先导，它无法在科学

层面被充分阐释和传播，这是地方性的古代技术革命区别于普遍性的现代技术革命的一个重要特征。

一、古罗马建筑的新认知：一场技术的革命

古希腊"科学"，古罗马"技术"——这种说法暗含着前者是源泉，后者是溪流。丹皮尔把古罗马技术的衰落归为使用其流而不培其源，"罗马人似乎只是为了完成医学、农业、建筑或工程方面的实际工作，才对科学关心。他们使用知识之流，而不培其源——为学术而学术的源泉，结果，不到几代，源和流一起枯竭了"。①

沿着这一惯常思路，古罗马建筑被看作古希腊建筑之源的下游。古罗马建筑师维特鲁威（Marcus Vitruvius Pollio）《建筑十书》是流传至今的唯一古罗马建筑之书，它细致描绘了古希腊建筑的型式、图案、材料、结构等，充满了对古希腊建筑的赞叹。然而，古罗马建筑的价值不应当仅仅看作古希腊建筑之流，它本身就是创造性的新高峰。或许，《建筑十书》的历史局限性容易带来这种误解。维特鲁威生活的时代是公元前 1 世纪，这是古罗马征服希腊后，全方位地学习古希腊的雕像、艺术、建筑的时代，此刻的古罗马建筑还没有处于其真正的高峰。到了公元 2 世纪的古罗马鼎盛时期，古罗马建筑达到了一个新的技术高峰，古罗马建筑的

---

① W. C. 丹皮尔，1989 年，第 98—99 页。

创造力充分释放出来，这是一场建筑革命。古罗马建筑革命既是古希腊建筑的继承，又是新的巨大创造力的体现。

建筑史家拉瑞·巴尔（Larry Ball）用"建筑革命"称呼古罗马建筑的高度创造力。他仔细研究了古罗马尼禄皇帝（Nero Claudius，54—68 年在位）的金宫（Domus Aurea）——迄今为止人类所发现的最大宫殿建筑遗迹，它以大规模的混凝土建筑而著称。巴尔认为古罗马人在公元 1 世纪发动了一场从建筑材料到建筑型式的整体性革命。① 当代考古学家沃德 - 珀金斯（John B. Ward Perkins）甚至认为，罗马时代的建筑的创造性比古希腊更胜一筹，并且对后世具有更强烈的影响。这曾经是边缘性假定，而当代正在成为主流的观点。"在所有的艺术当中，建筑是罗马人最富有创造力的领域。西方人今天仍生活在一个时代的余晖之中，提到这个时代时，人们总是将帕特农神庙（Parthenon）作为古典建筑遗产中至高无上的经典。而实际上，无论就其时代的创造性建筑构思，还是就对后世欧洲建筑的重要意义来说，不管帕特农有多么完美无缺，罗马城中的万神庙（Pantheon）无疑才是最重要的纪念碑。这样的观点在我们的先人看来一定是异端邪说，然而昨天的邪说正在一步步变成今天的正统。"②

---

① Larry Ball, *The Domus Aurea and the Roman Architectural Revolution*, Cambridge: Cambridge University Press, 2003.

② 沃德 - 珀金斯 :《罗马建筑》，吴葱等译，中国建筑工业出版社，2010 年，第 5 页。

　　古罗马建筑的创造性往往容易被低估和忽视。罗马万神殿完成于公元 120 年前后，它是至今完整保存的唯一罗马帝国时期建筑，它正面的长方形柱廊前厅并排着 8 根古希腊科林斯式圆柱，万神庙内的大理石圆柱装饰都展现着古希腊的建筑风格。然而，这座建筑真正惊人的地方是被米开朗基罗（Michelangelo Buonarroti）赞叹为"天使的设计"的穹顶，它属于古罗马的建筑材质和建筑风格。这一古代世界最大的穹顶直径 43.3 米，正中圆洞的直径 8.92 米，采用古罗马混凝土浇筑而成。无论承重墙还是穹顶，都是用火山灰制成的混凝土浇筑。这是万神殿真正具有创造性，并且对后世影响深远的建筑构思和建筑实践。

　　古罗马的建筑革命，实际上依托于古罗马新的建筑材料——混凝土的革命，从而在多个公共建筑领域实现了根本性创新：第一，在公共建筑领域，以古罗马大斗兽场、万神殿等为杰出代表，创造性地采用了拱券的建筑结构，建造出前所未有的大型公共建筑；第二，在城市规划和建设领域，以古罗马上下水系统而著称，它使得古罗马的公共卫生水平一直到 18 世纪仍然没有被任何一个文明所超越；第三，在公路系统领域，罗马以发达的道路系统而闻名于世，"条条道路通罗马"是其真实的写照，一直到人类铁路发明之前罗马公路系统始终是人类最发达的公路系统，并对整个欧洲文明产生深远的影响。

　　如下试图从建筑材料入手，首先聚焦于古罗马庞培火山灰新材料的发现和新罗马混凝土的发明，其次阐明依托于新混凝土材

料而兴起的拱券建筑结构变革，最后说明新材料的限制使得这场
建筑革命无法普遍化。

二、罗马混凝土的发明：新建筑革命的起点

我们经常说，古代中国建筑与古代西方建筑的区别，是木制
材料与石制材料的区别，并能够找到大量的直接证据——中国的故
宫、圆明园、苏州园林都是采用木头为主要材料；帕特农神庙、古
罗马凯旋门，甚至万神庙的前厅柱廊都是以大理石为主要材料。真
正清晰的表述应当是，木制材料与石制材料的差异体现出古代中
国与古代希腊建筑的区别，它绝不是古代中国与古罗马建筑的区
别。无论中国的木制材料还是古希腊的石制材料，它们都是纯粹
的天然材料。与此对照的是，古罗马人创造出的混凝土是人造的
新材料，这是自然界根本没有的材料。这一新材料的发明标志着
人类在建筑材料领域书写了人与自然关系的新篇章——通过创造
出自然界没有的新发明而利用和控制自然，它构成了生产力发展
的重要标志。

换言之，西方古代建筑有着质的进展，这是惯常中西建筑比
较观点不够严谨的原因。古代希腊与古代罗马存在着巨大的差别，
最根本的差别既有建筑型式，更有尚未充分重视的建筑材料——
混凝土的发明。火山灰是古罗马独有的建筑原料。维特鲁威《建
筑十书》第二章——"建筑材料"中，有一节的标题是火山灰，
"有一种粉末在自然状态就产生惊人的效果。它生产于巴伊埃附近

和维苏威山周围的各城镇的管辖区之内。各种粉末，在把石灰和砾石拌在一起时，不仅可使其他建筑物坚固，而且在海中筑堤也可在水下硬化"。[①]

维特鲁威所说的维苏威山附近的粉末就是火山灰，它是火山喷发的产物。维特鲁威发现这些在建筑中具有神奇效果的粉末仅在维苏威山附近，在庞培以外的其他地方很少见到，"同样，在阿卡伊亚、亚细亚和大海的彼岸，无论到哪里去，甚至还没有它的名称（的地方也是找不到的）。在多数温泉沸腾涌出的土地上不可能保持完全相同的优点。万物并非为了人们的愿望，而是偶然各不相同地按照自然规律创造的"。[②]维特鲁威注意到这些盛产火山灰的地方有许多温泉，这实际上是由于地下存在着活火山的缘故。火山周围是有温泉的，但是有温泉的地方不一定有火山。

维特鲁威认识到这种粉末与火山有着直接的关系，但他错误地主张这是火山喷发后燃烧土后形成的，而没有把它看作火山本身喷发的。"因此，在土分少石质软的土地，火力通过它的岩脉逸出燃烧了它。软弱部分便被烧失，粗硬部分要残留下来。"[③]维特鲁威没有见到过火山喷发，只是依据现象进行了猜测：庞培这个地方靠近火山，山上的温度高，地下也有较高温度的温泉，这说明

[①] 维特鲁威，《建筑十书》，高履泰译，知识产权出版社，2001年，第45页。
[②] 维特鲁威，2001年，第46页。
[③] 维特鲁威，2001年，第47页。

图 5-1　庞培火山灰

这里的山上和地下的内部有着极高的温度，火山喷发后燃烧附近的土壤，将这些土壤烧成了火山灰。

著名的庞培古城在公元 79 年被维苏威火山爆发所毁灭。火山曾经毁灭了庞培，火山灰又被维苏威火山周围的庞培人利用为混凝土的原料，并且构筑起古罗马新建筑奇迹的基础，这种人与自然的复杂关系令人怅然。在混凝土的主要成分中，最不易获得的火山灰仅在庞培地区。对比古罗马，汉代的中国无论长江流域还是黄河流域，都没有活火山分布，也不可能有火山灰。混凝土的另外一种主要成分石灰广泛分布于全球各地，凡是以碳酸钙为主要成分的天然岩石，如石灰岩、白垩、白云质石灰岩等，都可以制成石灰。原始的石灰生产工艺是将石灰石与煤炭（或者木材）分层铺放，煅烧一周后碳酸钙分解出二氧化碳，制得粉末状的氧化钙（CaO），即石灰。

图 5-2　庞培遗址

图 5-3　从庞培遗址远眺火山

火山灰之于罗马混凝土，如同高岭土之于中国瓷器。从化学的角度看，火山灰的成分除了碳酸钙之外，最重要的是它的颗粒表面有少量的氧化铝和二氧化硅。火山灰与石灰的混合形成砂浆，氧化铝与氢氧化钙发生反应生成水化铝酸钙，二氧化硅与氢氧化钙发生反应生成硅酸钙，尤其水化铝酸钙增强了建筑的强度和寿命，使得混凝土具有非常好的抗压强度和耐水性能。它可以用作建筑物的基础、地面的垫层及道路的路面基层。运用火山灰制成的混凝土性能相当稳定，凝结力强，坚固，不透水。古罗马人已经意识到混凝土的这一功能，"因此，同样由于火力造成的三种物质混合成为一体时，就会迅速吸取水分粘结起来，因湿而急剧硬化，变得坚固，无论波浪或水力都不能使其破坏"。[1]

在古罗马波扎利欧湾（Pozzuloi Bay）的古拜伊（Baiae）港，科研人员发现古罗马海底的防波堤历经了近两千年，仍然具有优良的性能。[2] 如果考虑到当代的混凝土建筑设计寿命是一百年，古罗马混凝土的寿命是惊人的。古罗马海上混凝土也是以火山灰作为重要成分，先架设木制的隔栏，然后把火山灰和砂浆混成的灰浆与凝灰岩石一起注入。有了氧化铝，混合物的强度得到极大的提高。科学家发现，当代很难将古罗马混凝土直接用于现代建筑业，因为它的凝结时间太长了。虽然古罗马海堤更具有耐久度，

---

① 维特鲁威，2001 年，第 45 页。

② Janet DeLaine, Structural Experimentation: The Lintel Arch, Corbel and Tie in Western Roman Architecture, *World Archaeology*, 21 (1990), 3: 407-424.

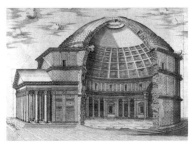

图 5-4　万神庙穹顶　　　　　图 5-5　万神庙建筑结构图

具有更高的抗压强度。

　　从建筑材质上讲，火山灰、石灰和砂石构成的"罗马混凝土"是建筑材料的新变革。在此前的东西方世界，古代人们都意识到石灰石煅烧（加热到高温）后加水制成熟石灰，它与砂石混合而成的石灰砂浆具有很好的建筑性能——它具有很好的抗压强度，还具有防止渗水的功能，从而在建筑中大量运用。古埃及人在金字塔的建造中已经使用石灰砂浆，古罗马引水渠也采用了石灰砂浆。古罗马火山灰的运用则是建筑材料的重要变革，新的火山灰加上原有的石灰和砂子构成了罗马混凝土的三要素。这一新材料具有更高的建筑性能，抗压强度有了质的飞跃，抗渗水能力极高，它能够在拱券结构中大量运用，从而成为可以脱离石块而独立使用的建筑材料。在古罗马时代，它能够与大理石这样的建筑材料相提并论，甚至由于它价格低廉和使用方便，在公共建筑和民用建筑中大量运用，从而推动着古罗马在建筑形制上采取更加自由和富有艺术性的大跨度结构，引发古罗马建筑的质的变革。

三、混凝土与古罗马建筑型式的革命

古罗马人混凝土发明的重要性，应当放在古罗马建筑革命的基础性位置。无论古埃及人、古希腊人还是古代中国人，都没有创造出自然界所没有的新建筑材料。古希腊人的建筑都是用大理石叠压而成，自从古罗马人发明了基于火山灰的混凝土技术后，古罗马人创造出拱卷结构，建造出极其庞大的万神殿，这是古希腊人未能想象的建筑革命。

古希腊的大理石柱影响西方建筑深远，古罗马的拱卷结构影响西方建筑之大，没有任何其他技术能够与之相提并论。在拱卷结构之前，建筑材料是大理石，拱卷技术的使用受到限制。第一，拱卷结构并非仅仅古罗马人才有，运用大理石材质的叠压也可以得到半圆形圆弧状的拱卷结构，比如中国的赵州桥。但是，采用大理石实现拱形结构，每一大块大理石都必须切割，并且切磨成弧度，保证整体建筑呈现出拱卷结构，从而具有更大的困难。混凝土的使用采用了架设木制隔栏的方法，木质隔栏是什么形状，混凝土就浇筑成什么形状。因此可以说，在古希腊，每一位建筑工人都是工匠；在古罗马，只有架设木质隔栏的工人是工匠，其他工人只要把混凝土灌入木质隔栏就可以了，采用混凝土技术和拱卷结构降低了对技工的能力要求，降低了人工成本。

第二，混凝土取材成本和运输成本低。混凝土是由石灰、火山灰、砂石三要素构成，火山灰容易获得，在庞培地区俯拾即是，

运输到其他地区也较为便捷，相比而言，在意大利山区切割大块大理石耗费巨大，从山区运输到平原地区的古罗马都城也要花费极大的成本。而且，混凝土建筑如果没有外饰大理石，无须打磨这一程序。换言之，混凝土的成本低廉，所以古罗马人说"富贵人的大理石结构，平民的混凝土结构"。在公元 2 世纪，古罗马街道上五六层的以混凝土为材料的公寓大量出现，至奥古斯都 (Gaius Octavius Augustus) 时代，政府命令公寓楼不得高于 21 米 (六层)。在公元 64 年的罗马大火后，楼高限制不得高于 18 米。

　　第三，古罗马人发明的混凝土有助于拱卷结构的广泛运用——它既有圆弧状的良好装饰功能，又具有良好的承重功能。混凝土制成的拱卷结构支承点越集中，其结构承受力越高，也更具有建筑空间和灵活性。比如，半圆形的拱券为古罗马建筑的特征，尖形拱券是哥特式建筑的特征，伊斯兰建筑的拱券则有尖形、马蹄形、弓形、三叶形、复叶形和钟乳形等多种形状。古罗马的拱卷还可以同古希腊的梁柱的方形结构融合。拱券结构使得建筑物获得丰富的发展空间，极大丰富了古罗马建筑的艺术形象，创造出丰富的大跨度造型结构的可能性，构成了西方古代建筑发展的重要基础。采用拱卷的结构有助于节省材料，同时节省人工成本，而不必牺牲建筑的抗压强度和使用寿命。

　　古罗马混凝土的创新是古罗马建筑革命的关键。从古罗马建筑革命的角度而言，万神殿应当放在与大斗兽场同等重要的地位。古罗马万神殿是古代世界混凝土浇筑的丰碑，它只有运用混凝土和拱券结构才有可能变成建筑史的不朽经典，仅仅运用大理石材质很难使得万神殿实现如此大跨度的结构。万神殿的基础浇筑底宽 7.30 米，墙和穹顶底部厚 6 米，穹顶顶部厚 1.50 米，混凝土骨料有碎石、断砖和沙子。用不同的骨料可以制成强度和容重不同的混凝土，用于不同的位置。在多层建筑中，底层的用凝灰岩作骨料，二层的用灰华石，上层则用火山喷发时产生的多孔浮石，在下面的骨料硬而重，在上面的骨料软而轻，穹顶上部混凝土的比重只有基础比重的三分之二。可以设想的是，万神殿若是只有大理石，则极难创造出"天使的设计"的穹顶。

即便是古罗马大斗兽场，也展现出混凝土的运用。大斗兽场的建筑材料包括大理石与混凝土，最重要的底层支撑仍然是大理石，混凝土虽没有大理石运用得多，但已经开始了大范围的运用。大斗兽场的建筑底层采用灰华石作为骨料，一共有 7 圈，每圈环绕着 80 个墩子，由外而内的三圈墩子中间是两道环廊，从第三圈到第六圈墩子之间是放射形状的拱券混凝土墙。这一事实表明，混凝土技术成熟后，广泛运用于古罗马各式各样的公共建筑和民用建筑。位于古罗马中心的大斗兽场最多能够容纳 8 万名观众，它是 18 世纪前西欧最宏大的建筑。大斗兽场是古罗马建筑的集大成者，集中体现了古罗马的财富和权力，也展现了古罗马建筑革命的成果。

罗马混凝土发明后，在民用建筑中也展现出多重优势，这场古罗马建筑革命扩展到古罗马的广大地区。意大利庞培古城已经以混凝土为主要建筑材料。公元 63 年，庞培古城曾遭遇到剧烈地震的摧毁，很快庞培在古罗马的支持下重建起来，混凝土技术成为庞培迅速重建的基础，直到公元 79 年维苏威火山爆发将庞贝掩埋于火山灰下。混凝土既在万神殿、大斗兽场等大型公共建筑中运用，也在庞培遗址的大量民用建筑中使用。庞培街道两旁的民用建筑大多由混凝土建成，比如面包房、仓库、一层店面二层居住的民用楼房等。

四、古罗马建筑革命：一场无法全球化的技术革命

　　古代世界的建筑技术是否能够普遍化？这是一个应当具体情况具体分析的问题。在数千年前，人类已经知道石灰浆能够极大地增强建筑强度，石灰的来源——岩石又几乎分布于世界所有地区，石灰浆的技术较为简单，因此在人类早期文明中，石灰浆建筑技术能够普遍化，而且极有可能石灰浆是独立发明的；古罗马建筑革命中的拱券型式也具有普遍性。中国的赵州桥采取了同样的拱券结构，古罗马之后的哥特式建筑和伊斯兰建筑都广泛采用了拱券结构。本节只是说明，不是所有的古代技术都具有普遍性，像混凝土技术及其引发的建筑革命受制于火山灰仅仅出产于庞培及其附近地区，更远的西亚地区无从发现混凝土的痕迹，古代中国更是无法找到混凝土的迹象。其他地区缺乏火山灰这样的材料，或者得到这样的材料代价极大，从而无法实现普遍性的建筑革命。

　　混凝土及其引发的建筑革命实际上是一场古罗马区域内的革

命，它与近代世界的技术革命具有不同的全球意义。在近代世界，所有技术具有普遍性的原因是近代世界技术科学化的趋势日益明显，比如，当代科学家可以运用化学方法仔细分析罗马混凝土，通过检测发现它的成分中包含着微量的铝，如此，我们可以在其他地区的石灰浆中直接添加铝粉，从而达到与罗马混凝土一样的成分。与之形成对照的是，古代世界的技术与科学是分离的，技术仅仅依靠着经验，这是技术的发展受到限制而无法像近代世界加速发展的原因。

我们应当看到的是，古代世界的建筑变革也是因地制宜的。古代中国没有出产火山灰，但能使用其他替代性材料来满足建筑用的高强度要求。南北朝时期，河南邓县的画像砖墙是用含有淀粉的胶凝材料衬砌。至迟到宋代，中国采用了以糯米浆为原料，加上石灰浆和砂石的混合灰浆。这种灰浆的强度非常高，比普通石灰浆更耐水，被用到重要的建筑物上，诸如墓、塔和城墙。《宋会要》记载，公元 1170 年南宋修筑和州城，"主管侍卫马军司公事李舜举言：被旨差拨官兵创修和州城壁，今已毕工，其城壁表里各用砖灰五层包砌，糯粥调灰铺砌城面，兼楼橹城门，委皆雄壮，经久坚固，实堪备御。部役官张遇等三人悉心措置，实有劳效，欲望优与推赏，所贵有以激劝"。[1] 宋代的城墙，以石头为基础，上面筑有夯土，外墙砖则用石灰浆，重要部位采用石灰加上

---

① 徐松，《宋会要辑稿》，中华书局，1957 年，第 7462 页。

糯米汁灌浆。它们凝固后具有极高的建筑强度，可以和花岗石一样坚硬，用铁镐刨时会迸发出火星，有的甚至要用火药才能炸开。

凡是技术革命均具有普遍性，这是当代世界的认识。在古代世界，技术革命并不必定具有普遍性的性质。这是古代世界与近代世界的性质差异。关于古罗马的混凝土及其建筑革命便是此观点的典型案例。

第二节　坎儿井技术及其传播

陆上丝绸之路途经的很多地区都干旱少雨，甚至是人类难以定居的荒漠。在满目砂石中前行的骆驼商队，最现实的目标就是尽快到达下一个能够让人和牲畜得到休息和充分给养的落足点。在难得的河流岸边，或偶见自然涌出的泉眼附近，会分布着一些绿洲，这无疑寄托着漫漫丝绸之路上行人的最热切的渴望。除前面所提到的依托于相对较好的天然条件所形成的绿洲外，还有一些绿洲本身缺乏足以支撑其人口和农业规模的水资源，于是就需要采用人工技术来增加水的供应。坎儿井就是满足荒漠地区用水需求的一种特殊水利技术，它巧妙地利用地形和水的重力特性，运用地道挖掘技术，将远处地下水导引至需水的居住点，从而有效地扩大了人类的居住和活动范围。较之干旱地区可能使用的其他采水技术，坎儿井具有许多优越性，如可以有效避免露天水渠因蒸发带来的水量损失，减少挖掘竖井带来的对地下水层的污染，可以全天候连续不断地出水，以及维护费用相对低廉等。^①在生态方面，坎儿井使地势较高地区的淡水转移到地势较低但土壤盐碱程度较重的地方，从而控制土壤的进一步盐碱化并防治荒漠的扩张，这些优越性使得坎儿井在现代技术的竞争下，仍具有一定生命力。^②

坎儿井最早可能起源于西亚，伊朗是保存坎儿井数量最多和应用面积最广的国家。根据伊朗能源部门 2005 年发表的报告，全国仍保留有 34355 条坎儿井，每年提供 82.12 亿立方米的水量，约占当年地下水利用量的 7.55%。^③除伊朗外，坎儿井还分布于阿富汗、巴基斯坦、伊拉克乃至远到摩洛哥等广阔区域，并曾存在于阿拉伯帝国控制时期的西班牙和意大利地区，在近代还被引入美洲的智利、墨西哥等地。^④在中国，坎儿井主要分布于新疆东部的吐鲁番、哈密等地，历史上还曾存在于新疆西部的喀什附近。^⑤总

① R. Tapper, K. McLachlan, *Technology, Tradition and Survival: Aspects of Material Culture in the Middle East and Central Asia*, London: Frank Cass, 2002, p.4.

② F. Nasiri, M. S. Mafakheri, Qanat Water Supply Systems: A Revisit of Sustainability Perspectives, *Environmental Systems Research*, 13 (2015): 1—5.

③ A. A. S. Yazdi, M. L. Khaneiki, *Qanat in its Cradle*, Teheran: Shahandeh Publications Co. 2012, pp.86-89.

④ P. W. English, The Origin and Spread of Qanats in the Old World, *Proceedings of the American Philosophical Society*, 112 (1968): 170-181.

⑤ 新疆维吾尔自治区文物局，《新疆维吾尔自治区第三次全国文物普查成果集成·新疆坎儿井》，科学出版社，2011 年，第 4—5 页。

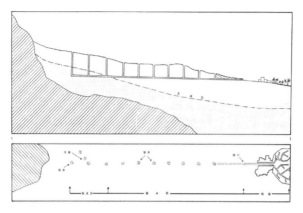

图 5-6　坎儿井的结构

体来看，坎儿井的分布基本位于北纬 30—40 度附近的干旱地区，其传播与气候和环境因素关系十分密切。下面，我们先讲述关于坎儿井的词源和历史记载，随后涉及其开凿的基本技术，最后讨论这个技术系统的传播过程。

一、坎儿井的词源及历史记载

早在公元前 8 世纪末的亚述文献中，就出现过类似坎儿井的水利技术。亚述国王萨尔贡二世（Sargon II，？—前 705）于公元前 714 年征服高加索一带的乌拉尔图王国的乌鲁城（Ulhu）时，看到在地表没有河流的地方植被却很茂盛，于是发现了当地使用的灌溉技术，即挖一系列竖井并以暗渠将其连接。萨尔贡二世的继承人辛奈克里布（Sennacherib，前 705—前 681 年在位）则命令工匠们以同样的技术从伊拉克北部的干谷（wadi）中引水以丰富其首都尼尼微的水资源。[1] 学者们推测乌拉尔图的暗渠灌溉技术有可能是从伊朗高原传播过去的。

在现代波斯语中，坎儿井被称为 *kārēz*，前伊斯兰时期的巴列维语法律文书中就以 *kahas* 来表示"灌溉用的水渠"，这个词有可能包括地下和地表的各种水渠。[2] 而这一词更早的源头有可能是传说中的阿拉伯河流柯律司（Corys）。[3] 希罗多德在记述阿契美尼德王朝冈比西斯二世（Cambyses II，前 530—前 522 年在位）对埃及的征伐时，提到过阿拉伯国王曾用皮革缝成的水管把柯律司河水引到干旱地方的水池里去。[4] 古希腊史家波利比乌斯（Polybius）则记载了公元前 210 年塞琉古王朝国王安条克三世征讨安息时，在伊朗厄尔布鲁士山区一带，安息国王阿尔沙克二世不战而逃，并下令填塞地下水渠的竖井以阻挡塞琉古军队越过干旱缺水的荒漠地带。波利比乌斯还提到在阿契美尼德王朝时期，波斯君主提倡当地人修建坎儿井，并以参与修建者在五世后代内享有新开垦土

---

① J. Laessøe, The Irrigation System at Ulhu, 8th Century B. C., *Journal of Cuneiform Studies*, 5 (1951): 21-32.

② W. B. Henning, A List of Middle-Persian and Parthian Words, *Bulletin of the School of Oriental Studies*, 9 (1937): 91.

③ P. Briant, Polybe X.28 et les qanats: Le témoignage et ses limites, in P. Briant, ed., *Irrigation et drainage dans l'antiquité: Qanats et canalisations souterraines en Iran, en Egypte et en Grèce-Séminaire tenu au Collège de France*, Paris: Thotm, 2001, pp.28-29.

④ 希罗多德，1997 年，第 196 页。

地收益为报酬。①尽管从描述上看与当地坎儿井现在的管理和分配制度有一定差别，但也充分说明，在两千多年前古波斯为保障这种水利系统持续良好运行，已经制定了较完备的管理措施。②

　　Kārēz 一词也被借用在突厥语中，从而被使用于传统的大呼罗珊地区（包括现在的伊朗东北部、土库曼斯坦南部和东部以及阿富汗的西部）、巴基斯坦以及远至中国新疆的广大地区。③在哈萨克斯坦南部，*kārēz* 还被用于指自流井。例如近年来在哈萨克斯坦南部城市突厥斯坦附近的扫兰（Sauran）遗址发现的 261 条"坎儿井"，实际上都是没有地下暗渠而只有运用液体连通器原理而形成的自流井。④突厥语里出现 *kārēz* 这个词的时间不会太早，因为成书于 11 世纪后期的《突厥语大辞典》里并没有收入该词，表明在当时这个词至少尚没有为操突厥语族的民族广泛使用。扫兰附近的坎儿井最早见诸记载是在 16 世纪，当时的塔吉克族学者马赫穆德·瓦斯菲（Makhmud Zainaddin Wasifi）把坎儿井的开凿看

---

① F. W. Walbank, *A Historical Commentary on Polybius*, Vol.2, Oxford: Clarendon Press, 1967, pp.235-236.

② P. Briant, 2001, pp.21-24.

③ 也有学者从语言学角度论证 kārēz 源于阿尔泰语词 *kar-（挖）的复数形式，并引申为坎儿井是由新疆传至波斯文化区，笔者认为仅从语言学角度判断技术知识的传播方向尚缺乏有力论证。参考力提甫·托乎提《论 kariz 及维吾尔人的坎儿井文化》，《民族语文》2003 年第 4 期，第 51—54 页。

④ R. Sala, J. M. Deom, The 261 Karez of the Sauran Region (Middle Syrdarya), *Transoxiana*, 13 (2008), http://www.transoxiana.org/13/sala_deom-karez_sauran.php.

作"令人惊叹的事物"。[1] 在伊朗以西的伊斯兰世界，*kārēz* 一词使用较少。阿拉伯语里坎儿井被称为 qanāt，现在已成为国际上较通用的专用术语。Qanāt 一词在伊斯兰世界东部也被使用。曾有学者调查过阿富汗村庄名字，带有 *qanāt* 的有 94 个村子，而带有 *kārēz* 的则有 340 个村子。在受到伊朗文化强大影响的赫拉特和坎大哈附近，这样的村子几乎随处可见，不过到受印度文化影响更多的喀布尔附近，就很难找到以坎儿井命名的村庄了。[2]

在世界其他地方，还有其他词语来称呼坎儿井，如在摩洛哥它被称为 *khettara*，在西班牙它被称为 *galeria*，在阿拉伯半岛它被称为 *falaj* 或 *felledj*，而北非对其的称呼 *foggara* 或 *fughara* 则被引入到法语当中。[3]

二、坎儿井的技术特征与开凿过程

根据前面提到的波利比乌斯对阿契美尼德时代的坎儿井的描述，一些学者对坎儿井于古波斯帝国社会经济生活中的地位推崇

[1] R. Sala, Underground Water Galleries in Middle East and Central Asia, *Laboratory of Geo-archaeology, Almaty, Kazakhstan*, http://www.lgakz.org/texts/livetexts/8-kareztexteng.pdf.

[2] D. Balland, La place des galleries drainantes souterraines dans la géographie de l'irrigation en Afghanistan, in Les eaux cachées: *Etudes Géographiques sur les Galeries Drainantes Souterraines*, Publications du Département de Géographie de l'Université de Paris-Sorbonne, 19 (1992): 97-121.

[3] G. B. Cressey, Qanat, Karez, and Foggaras, *Geographical Review*, 48 (1958): 27-44.

备至。法国学者哥布鲁（D. Goblot）认为坎儿井是居鲁士帝国及其继承者们的统治基础。[①] 从历史记载来看，坎儿井的技术特征在两千多年间保持稳定。

修筑坎儿井的必要条件是存在地下含水层和地势存在和缓的坡度（约 1∶1000），这样地下水就可以依重力向出水口流淌。要通向含水层，最简单的方法是要么挖一口竖直向下的井（但这样不能解决水在地表的转移需求），或者从较低处向山坡里水平挖井。实际上，如果没有竖井，水平井的长度很难超过 1 千米（古代世界最长的单向挖掘的隧道是意大利那不勒斯附近的寇切乌斯〔Cocceius〕隧道，长约 1 千米）。配合地下隧道所挖掘的竖井，可以提供多种便利，如帮助通风、运出废土、方便工人出入、便于在地下定向以及降低维修的难度。从地下挖出的土堆放在竖井口周围，既形成了从空中看到的特征鲜明的环状井口链，还起到防止汛期泥水被冲入地下水渠造成淤塞的实际作用。水平隧道与垂直井的配合使得坎儿井的长度可以达到 94 千米（位于约旦北部的加大拉〔Gadara〕引水渠）。[②]

大多数坎儿井的竖井是从井口向水源地逐渐加深的，其中通

---

① D. Goblot, *Les qanāts, Une technique d'acquisition de l'eau*,Paris: Mouton, 1979, p.71.

② M. Döring, Wasser für Gadara, 94 km Langer Antiker Tunnel in Norden Jordaniens enteckt, Querschnitt, *Darmstadt University of Applied Science*, 21 (2007): 24-35.

向水源地的最深竖井被称为母井（波斯语 *madar chah*）。根据 11
世纪诗人纳塞尔·库斯劳（Nasir Khusraw）记载，最深的竖井位
于戈纳巴德（Gonabad），可达 400 米。[①] 竖井的间距通常为 15—
20 米，不过如果需要跨越河流或土坡，有时间距会超过 200 米。
坎儿井的地下渠道通常为 60×120 厘米，竖井直径为 80—90 厘
米。坎匠会把挖掘尺寸尽量减小以降低挖掘工作量，不过总土方
量仍然很惊人。在新疆，一条能够灌溉 8.7 公顷田地的坎儿井，需
要挖 3 千米长，母井至少要深 90 米，沿坎儿井方向需开掘 300 至
360 条竖井，竖井平均深度为 45 米，横截面积约 0.5 平方米，那
么所有竖井就需要挖掘 5.7 万立方米泥土，加上地下水渠的土方
量，合计约 8.5 万立方米。如果土壤松软的话，还需要在隧道边缘
安装陶质内衬来进行加固。

　　挖掘坎儿井的施工队伍通常由多名工匠（*muqannis*）组成，
既可以新开，也可以维修坎儿井。开凿坎儿井的头一个，也是关
键性的步骤，是寻找最合适的水源地。通常在冲积扇与山坡相接
合处搜寻，这里的地形具有较适宜的坡度，同时冲积扇地形也容
易进行挖掘。判断地下水源丰富程度的标准有土壤颜色、湿度、
附近鹅卵石形状、地形、是否存在根系发达的植物等，这是一项
考验工匠经验的任务。当初步确定水源区域后，会开掘一口试验

---

① G. R. Kuros, M. L. Khaneiki, *Water and Irrigation Techniques in Ancient Iran*,
　Tehran: Irncid, 2007, p.148.

井（*gamāna*）来确定含水层的深度和水量。在以上条件均得到满足后，就可以根据水源和所要开垦荒地的位置，确定母井位置和合适的暗渠走向，假如含水层的绝对高度低于暗渠出口处，就需要把母井的位置向上游更高处移动。当坎匠挖掘母井至含水层后，水将从井的底部和侧面逐渐渗出，不过通常渗水速度不快，工匠还来得及在水平方向上掘进几米。当水淹没母井底部后，这里就不能再继续施工，而是要等待几天以确认水位，随后工程转移到出水口处。[①]

出水口的选择既需要考虑灌溉土地的位置，也要顾及从母井水位顺坡度自然流动的最终高度。因此这需要精确的定位技术。20 世纪 50 年代，在克尔曼（Kirman）还能观察到传统的测量技术，即以铅垂线测量出母井深度，并从母井开始引水平线，以分段方式测量出坎儿井路线上每一竖井位置上相对母井的高度。[②] 这样就大致得出了暗渠在地表的投影。有学者认为坎匠通过过量观测和容许随机系统误差的方式纠正测量误差，与古埃及 - 美索不达米亚"食谱数学"一脉相承。[③] 而在地下，工匠为保持沿直线向前掘进，传统上把一盏油灯悬挂在隧道顶部，它投射的影子要始终保持在前进方向的正中央。在竖井中也会悬挂一根起指示方向作

① D. Goblot, 1979, pp.30-36.

② A. Smith, *Blind White Fish in Persia*, New York: E. P. Dutton, 1954, pp. 56-57.

③ S. Stiros, Accurate Measurements with Primitive Instruments: the 'Paradox' in the Qanat Design, *Journal of Archaeological Science*, 33 (2006): 1058-1064.

用的木杆，其方向与地面所标方向平行。挖掘的坡度则由一种能指示最大挖掘角度的方块来帮助确定。[1]

通常坎匠从坎儿井的出水口向母井逐竖井分段掘进，直到抵达含水层，在此之前的部分被称为"输水段"（*Khoshke Kar*），之后到母井则被称为"生水段"（*Tareh Kar*）。在掘进至含水层后，地下水开始渗入甚至涌入暗渠中向下冲去，为能继续挖掘，坎匠一定要保证输水段能将水顺利排出。假如含水层仍在暗渠的上方，那么坎匠只能从底部往上挖掘。这时的工作具有很大危险性，坎匠必须头戴金属帽，穿防水衣服，在竖井内壁的相对两处挖出供脚部站立的小洞，并于头顶上作业，这时水会混着泥浆从上流下。

开凿坎儿井所使用的主要机械是辘轳，通常为木质。人们在竖井口架起辘轳，供坎匠出入竖井和运出所掘废土。据10—11世纪伊朗工程师卡拉吉记载，当时下井的坎匠身穿用牛油浸泡过的牛皮大衣，头戴足以覆盖衣领的宽缘皮帽，以防止从暗渠顶部滴落的水。[2] 现代的坎匠所穿服装则要便宜且简单得多。

在地下开掘时，可能会遇到各种状况。比如当碰到无法运至地面的大石头时，坎匠可以在石头上打孔，再敲入楔子把石头击碎；也可以绕过石头，但若在掘进时多次绕弯，就有可能迷失方向；现代在引入炸药和冲击钻后，处理拦路的巨石更加便捷，但

---

[1] D. Goblot, 1979, pp.34-35.

[2] M. Karaji, *Exploration for Hidden Water*, Tehran: Bouyad-i-Farhang-i-Iran, 1966, p.59.

点燃炸药后坎匠必须尽快逃离地道，否则就有危险。如果竖井挖掘得很深，或井中逸入瓦斯等有害气体，就面临着通风问题。这时要么多挖竖井，要么用带有皮管的风箱鼓风。卡拉吉记载说，当土壤中含有硫磺、石油和焦油或腐败物时，就会放出有害气体或蒸汽，其含量在每天中午达到峰值，为了使在井下照明的灯不至于熄灭，应当以动物脂肪为燃料，最次也是橄榄油或其他植物油，绝不能用石油照明，因为它放出的气体太多。在清理堵塞的坎儿井时，也要提前几天打通竖井，散发暗渠中的瓦斯，同时工人应当多喝汤水，避免吃洋葱或大蒜等味道重的食物。[1]

　　在干旱地带的沙质土壤中挖掘坎儿井，经常遇到的状况是沙子难以定型，如果不采用加固措施，很可能向下渗漏并使井口扩张得越来越大。对此工匠可以先用木框把井口定型，由于木头容易腐烂，随后还需用陶圈代替木框。陶圈的直径通常为70厘米，工匠向下挖掘时，陶圈随之下沉，随后把新的陶圈放到之前陶圈上方，如此累积。同样的措施也适用于容易崩塌的地下暗渠。在伊朗伊斯法罕地区，坎匠将一段陶管插入暗渠中，并钻入陶管向前掘进，废土从管中运出。待前进一段之后，再把新的陶管插入。这种掘进方式在现代隧道施工中也很常见。[2]

　　出于成本考虑，大部分暗渠是没有加固设施的。因此在洪水

---

[1] M. Karaji, 1966, p.5.

[2] M. Karaji, 1966, p.55.

暴发时，暗渠的边壁和顶部很容易坍塌并使得渠底凹凸不平，暗渠容易堵塞，尤其是当塌方完全堵塞水渠时，水位将会急剧提升并从竖井口冒出，这极易造成坎儿井的破坏。如果坎匠希望移走堵塞物，必须挖掘一条或数条旁通管道，使积水缓慢排出，而不能直接挖出淤塞，否则积水会喷涌而出带来危险。在此之后，视原渠道能否继续使用来决定是否以旁通管道取而代之。坎儿井应当每年清淤，否则将逐渐荒废。

在合理规划和使用的前提下，坎儿井的出水量可以长期保持稳定。不过当坎儿井的水源逐渐枯竭时，人们可以把暗渠加深或继续向含水层上游移动。采取这类措施时，要考虑地下水的进一步使用对附近其他坎儿井的消极作用。因此当加深一条坎儿井时，其他坎儿井也要同步加深。在现代机井和过度开采地下水的影响下，大多数坎儿井都出现水量减小甚至干涸的趋势，不过伊朗人自古代就发展出节约用水的诸多途径，例如修筑土坝拦截汛期降水并使其渗入地下以补充含水层。

在伊朗存在比其他国家更完善的坎匠组织，他们拥有自己的行会。通常坎匠们住在一起，形成独立的生活区。除把主要精力用在挖掘和维护坎儿井之外，他们偶然也做一些农活或挖掘排污井。其中后者有许多技巧和挖掘坎儿井密切相关，这些排污井平均深度为30米，是伊朗人的生活必备。坎匠工作时分工明确，主要包括五个工种，如在地表操作辘轳的拉绳工、倾倒废土的小工以及在地下挖掘负总体责任的镐工、两名装运废土的小工。不同种类的工匠所获报酬相差很大。通常挖一条一般规模的坎儿井，需要十名左右工匠共同工作 1—2 年方能完成。

对于西亚地区坎儿井的术语，在定址、挖掘和维修时的意会性知识以及管理和分配制度，目前已经有了比较系统的研究。遗憾的是，对于中国新疆的坎儿井，目前尚缺乏人类学层面的深入、详细调查。有意思的是，笔者了解到国外坎儿井研究中也存在许多牵强附会、把坎儿井出现时间刻意前推的现象，这无疑也体现了坎儿井因其社会价值而在人们心中的崇高地位。

三、坎儿井的起源和传播

对于坎儿井这类对当地社会经济生活有巨大贡献的工程创造，从中受惠的各个地区都给予充分的重视，坎儿井已经成为当地文化传统的一部分。在此语境之下，如果坎儿井在某一地区已经存在相当长的时间，而被当地人视为本地起源，是非常正常的。笔者在土库曼斯坦西南部尼萨古城（与伊朗东北部的马什哈德一山之隔）参观时，被当地人告知坎儿井系起源于当地，随后传播到伊朗，实际上这种认知并没有可靠依据（部分出于我们对当地历史不够了解）。而且从工程构造、施工过程、术语、相关风俗习惯等方面考虑，各地区坎儿井具有很大可能的同源性。假如我们在坎儿井在全球范围内传播的层次上观察中国坎儿井，则无论坎儿井在新疆的存在，还是作为一个实践的技术由外部传播而来，都不应被视为一个具有高度特殊性的案例。

　　如前所述，在与古波斯相关的早期历史记载中，很容易找到坎儿井从伊朗高原向外部地区扩散的描述。然而这些历史记载往往不容易得到考古资料的佐证。例如对于前面所提到的波利比乌斯的记载，20 世纪 30 年代在伊朗考察的斯坦因（A. Stein）就报告说："就我所知，尚没有直接的考古证据能够给出把这种特点鲜明的工程引入伊朗农业的最早时间。"[1] 另一方面，推定考古发掘中的坎儿井之年代也具有相当高的难度。可以在树轮校正的基础上得出绝对纪年范围的 C^{14} 法，需要与坎儿井有关的有机物遗存作为检验样品，然而这些有机物如木炭等很可能是其他时代掺入坎儿井地层，因此所测结果并不作为测定其建造年代的唯一依据。考察坎儿井与附近其他建筑或地层的叠压或打破关系，则可以获得以其他遗存年代为参考的相对早晚，但其结果难以对应于精确时间。出于以上种种原因，人们对坎儿井最早出现时间的估计相差极大，关于伊朗坎儿井发明年代的诸说，从距今 5 千年至距今 3 千年不等。

　　由于气候干旱少雨，水利工程在西亚早期文明发展中起到至关重要的作用。2014 年，在伊朗西南部的伊拉姆省的塞马雷大坝（Seimareh Dam）进行的抢救性发掘中，发现了距今 5 千年的带有陶制管道的地下水利系统，这是在伊朗发现的最早的地下水利系

---

[1] A. Stein, Archaeological Reconnaissances in Southern Persia, *The Geographical Journal*, 83 (1934): 119-134.

统。不过目前还不清楚这里是存在竖井而与坎儿井类似，还是将地面挖开埋入陶管后回填。[1] 目前考古发现的可确定年代最早的坎儿井，可能是位于伊朗东南部克尔曼省的雅雅特佩（Tepe Yahya）第 3 期铁器时代遗址中发现的坎儿井遗址，以 C^{14} 法经校正后测得年代为公元前 840—前 410 年，亦即最早不超过公元前 9 世纪。[2] 有学者将这里的发现置于更广的公元前 2 千纪末至公元前 1 千纪初印度 - 伊朗和阿拉伯半岛东部聚落语境之中进行考虑，提出从雅雅特佩第 4a 期结束（约公元前 1400 年）至第 3 期开始，伴随着约 600 年的文明衰退期。其间西亚地区逐渐干旱化，而在公元前 800 年前后，荒废的聚落重新出现人迹，其暗含的因素是地下水利用技术的进步。将雅雅特佩遗址的坎儿井与阿拉伯半岛东南部的阿曼等地（迄今是伊朗以外坎儿井数量最多的地区）进行对比，可以看到后者在多个年代为公元前 1000 年前后的遗址已经出现"依赖坎儿井的生业模式特征"，与雅雅特佩坎儿井存在 200 年的时间差，因此坎儿井技术有可能是起源于阿拉伯半岛东南部后，跨过霍尔木兹海峡后传入现伊朗东南部地区。另一证据是位于撒哈拉沙漠中的利比亚西南部费赞（Fezzan）的瓦迪 - 哈耶特（Wadi

---

[1] 5000-year-old Water System Discovered in Western Iran, in *Payvand Iran News*, 2014-6-14, http://www.payvand.com/news/14/jun/1024.html.

[2] P. Magee, The Chronology and Environmental Background of Iron Age Settlement in Southeastern Iran and the Question of the Origin of the Qanat Irrigation System, *Iranica Antiqua*, 15(2005): 217-231.

al-Hayat）遗址（年代至早为公元前 1 千年），也发现了坎儿井，
而这里被认为是无法与波斯产生接触的。因此坎儿井有可能在各
地独立起源。[1]

　　不过应予以指出的是，持独立起源观点的学者或许将阿曼
坎儿井（当地称为 *aflaj*）的年代估计过早。确实，这里青铜时代
的坎儿井可追溯到至早公元前 1200 年，但最早并不等于就在那
时，也须看到其年代下限为约公元前 300 年。[2] 如我们取其适中年
代，并不早于伊朗坎儿井。阿曼目前有 5 条坎儿井被列入联合国
世界文化遗产，但它们的年代或晚至约公元 500 年，[3] 阿曼人更多
将其作为一种灌溉文化来进行传承和保护。阿曼与伊朗坎儿井结
构的相似之处提示了这类技术传播的可能性，但认为传播方向是
从阿拉伯半岛传入海峡对岸的伊朗，还言之过早。另一方面，利
比亚费赞古城的坎儿井（当地称为 *foggaras*），被发掘者定为属
于加拉曼特文化（Garamantes），其年代可能性跨度较大——从
公元前 500 年到公元 700 年。[4] 前述瓦迪-哈耶特遗址年代很难
讲就是所发现坎儿井的年代，而这里与古希腊、罗马及埃及托勒

---

[1] P. Magee, 2005, pp.224-229.

[2] D. Potts, *The Arabian Gulf in Antiquity*, Oxford: Clarendon Press, 1992, p.392.

[3] UNESCO, Aflaj Irrigation Systems of Oman, http://whc.unesco.org/en/list/1207.

[4] D. Mattingly, The Fezzan Project 1999: Preliminary Report on the Third Season of Work, *Libyan Studies*, 30(1999): 129-145.

密王朝等文化皆有密切来往，^①故亦不能排除这里的坎儿井系传播
而来。

　　波斯阿契美尼德王朝的顶峰时期（前 559—前 330），政府鼓
励开掘坎儿井。随着波斯人的迁移，这项技术也传播到近东和阿
拉伯半岛地区。其中坎儿井在埃及和近东的传播主要与这一带兴
衰起伏的各个王朝与民族融合交流有关。大约公元前 6 世纪末，
波斯人曾用地下暗渠为现代埃及西南部的哈里杰绿洲（Kharga
Oasis）供水，大流士一世（Darius I，前 521—前 485 年在位）还
把坎儿井与这个绿洲的神庙相连接。^②在巴勒斯坦地区的阿拉巴谷
（Arava valley）和内盖夫（Negev）等地的坎儿井中，则发现了古
波斯时期的陶片，暗示着这些坎儿井很可能修建于阿契美尼德王
朝统治这里的时段之内（前 537—前 332）。^③同样，这一时期坎儿
井在叙利亚、两河流域等地也被广泛挖掘。阿契美尼德王朝被亚历
山大大帝征服后，这一地区转由希腊化的塞琉古王朝统治。希腊人
把坎儿井技术借用到雅典供水工程之中，^④但塞琉古王朝时近东坎儿
井的发展近乎停滞。近东坎儿井在古代得到更广发展是在古罗马统

---

① Herodotus, *Histories*, IV, p.183. 中译本第 336-337 页。

② R. Forbes, *Studies in Ancient Technology, Vol. I*, Leiden: Brill, 1955, p.154.

③ Z. Ron, Qanat and Spring Flow Tunnels in the Holy Land, in P. Beaumont, M.
　 Bonine and K. Mclachalan, ed., *Qanat, Kariz and Khettara*,Wisbech: Menas
　 Press, 1989, pp.211-236.

④ R. Forbes, 1955, pp.160-161.

治时期，很多古坎儿井位于被发现的罗马遗址附近，从中发现的大量陶片和油灯，都可以把坎儿井年代指向古罗马时代。这些坎儿井一直被利用至公元 7 世纪，直到伊斯兰教兴起，近东地区成为统治的边缘地带后，叙利亚和约旦的坎儿井建设逐渐停滞，既有井渠随着国家统治力量的减弱而变得乏人问津。[①] 在阿拉伯半岛中部，坎儿井则很可能随着由东向西经沙漠到达麦加周边地区的商道传播。波斯人很早就居住在现卡塔尔西北部不远的香料和其他商品的转运中心戈哈（Gerrha），并在附近的一些聚落修筑了坎儿井。到公元 5—6 世纪，这种技术最终传播到半岛西部。[②]

让我们把目光转向波斯的东面。坎儿井在这里分向南北转播。其中南路主要传播至仍受波斯文化影响的呼罗珊和俾路支斯坦（今巴基斯坦西北部），而北路几经辗转，最后传入中国新疆地区。

关于新疆坎儿井的由来，学者们进行过长期争论。其观点可归纳为中原传入说、本地起源说和西面传入说三种。中原传入说始自 20 世纪初的大学者王国维，他在《西域井渠考》一文中引用《史记·河渠书》中汉武帝时开凿井下相通的深井引水、《大宛列传》中大宛（位于现在的中亚费尔干纳盆地）延请"秦人"穿井

---

① D. Lightfoot, Qanat in the Levant: Hydraulic Technology at the Periphery of Early Empires, *Technology and Culture*, 38(1997): 432-451.

② D. Lightfoot, The Origin and Diffusion of Qanats in Arabia: New Evidence from the Northern and Southern Peninsula, *The Geographical Journal*, 166 (2000): 215-226.

的记载，和《汉书·乌孙传》中所载辛武贤在敦煌所掘"卑鞮侯井"等记载，而认为新疆坎儿井是"中国旧法"。[①] 另外有学者提到《庄子·秋水》中有"坎井之蛙"等语，试图指出先秦典籍中坎儿井的踪迹。[②] 不过此说在引用史料时多有误读，如黄盛璋所反驳，关中井渠实为普通暗渠，而敦煌"卑鞮侯井"则更有可能是地表明渠，"坎井"按《经典释文》、《玉篇》等辞书应解释为"坏井"。[③] 法国学者童丕则将吐鲁番与敦煌的地理环境和水资源状况加以比较，论证坎儿井技术向中原腹地传播受到前述两因素的极大限制。[④] 另一认为本地起源说的观点，并不比西来说拥有更多说服力。首先新疆坎儿井的开凿技术（如寻找水源、确定线路、井下加固等）和所用工具（如照明定向所用的油灯及燃料，提土之辘轳等）均与西亚坎儿井极为相似；其次是"坎儿井"这一名称与中亚通行的 *kārēz* 之相似；其三是公元 10 世纪之前现代新疆地区难以觅得坎儿井的踪迹，尤其是在吐鲁番所出文书中，无法找到能被确切指认为坎儿井的说法，成书于 11 世纪中后期的《突厥

---

① 王国维，《西域井渠考》，《观堂集林》第 2 册，中华书局，1961 年，第 620—621 页。

② 钟兴麒，《中原井渠法与吐鲁番坎儿井》，《西域研究》1995 年第 4 期，第 36—43 页。

③ 黄盛璋，《再论新疆坎儿井的来源与传播》，《西域研究》1994 年第 1 期，第 66—84 页。

④ É. Trombert, The Karez Concept in Ancient Chinese Sources: Myth or Reality?, *T'oung Pao*, 94(2008): 115-150.

语大辞典》中也没有提到坎儿井，从反面证明当时在中亚北部操突厥语的民族中，尚不把坎儿井视为自己的技术发明。目前所发现的早期新疆坎儿井，还未经准确的年代学考察，只是依据与所处环境的关系给出较模糊的年代范围。黄盛璋认为新疆喀什东北莫尔佛塔旁边的坎儿井，最早为喀喇汗朝统治期间所建，即上限为 11 世纪。[①] 吐鲁番是新疆坎儿井分布最多的地区，但这里的古坎儿井却很少得到科学的考古发掘，导致缺乏确定其年代的详细信息。2006 年在伯西哈千佛洞发现的一条坎儿井，依据千佛洞修建时间，被推定为建于公元 11 世纪前后，是目前吐鲁番纪年最早的坎儿井。[②] 从以上诸点来看，新疆坎儿井系独立发明的可能性较从中亚地区传入更小。

伊斯兰教的扩张使坎儿井技术在中世纪前期出现第二波传播。公元 7—8 世纪，坎儿井出现在西班牙、塞浦路斯和非洲西北部的加那利群岛。[③] 西班牙人于 15 世纪击退阿拉伯人后，依然保留了大量坎儿井，并使它成为发现美洲后最早传入新大陆的一些技术之一。在西班牙人到来之前，秘鲁南部的纳斯卡（Nazca）附近就有一种名为普基奥斯（puquios）的螺旋形水井，其结构与坎儿井具有很大相

---

① 黄盛璋，1994，第 67—70 页。

② 吾甫尔·努尔丁·托伦布克，《吐鲁番伯西哈千佛洞遗址发现千年坎儿井》，新疆维吾尔自治区坎儿井研究会，2011-3-8，http://karez.cn/showuqur.asp?id=127.

③ P. W. English, 1968, p.177.

图 5-7 秘鲁纳斯卡附近的螺旋形竖井

图 5-8 螺旋形竖井

似性，只是外观更具独立的美洲特色。[1] 坎儿井传入后，主要分布于墨西哥中部和西部、智利以及秘鲁北部等干旱地区。[2]

　　由于坎儿井对当地经济生活所起的显著作用，它往往融入所在地的文化传统，并衍生出丰富多彩的社会文化内涵，人们爱护甚至尊崇坎儿井。可以说它是丝绸之路上人类应对艰苦条件、改造人居环境，同时又能与自然和谐相处的技术的杰出代表。

---

[1] D. Proulx, Nasca Puquios and Aqueducts, in J. Richenbash, ed., *Nasca*: *Geheimniscolle Zeichen im Alten Peru*, Zurich: Museum Rietberg Zurich, 1999, pp.89-96.

[2] C. Beekman, P. Weigand and J. Pint, Old World Irrigation Technology in a New World Context: Qanat in Spanish Colonial Western Mexico, *Antiquity*, 73 (1999): 440-446.

第六章　丝绸之路上的机械

机械是能帮助人们节省工作难度或省力的工具装置。在中国古文中，"机"常指弩机、织机等具有某些传动构件的机械装置，而"械"常指一般器械或器具。《庄子·天地》中曾以子贡的口吻说"械"能"用力甚寡而见功多"，《韩非子·说难》中也提到舟车、机械等具有"用力少，致功大，则入多"的好处，可见中国在战国时期就已形成与现代机械学中"机械"含义相近的概念。古罗马建筑师维特鲁威则在《建筑十书》中认为机械和工具的区别是：机械必须由许多工人以巨大的动力使其发挥作用，如弩炮和压榨机等；而工具则由一名熟练工人娴熟操作来完成任务，如转动蝎型弩机或齿轮系统等。[1]

人类自数千年前就开始利用和制造机械，众多门类的技术知识也曾随着机械装置的交流在丝绸之路上传播。对应于人类方

---

[1] 维特鲁威，《建筑十书》，陈平译，北京大学出版社，2012年，第169页。

方面面生活所需的机械门类极为繁多，限于篇幅，本章将以轮轴和古代计算机为例，以一瞥简易和复杂机械在丝绸之路上的传播历程。

第一节　丝绸之路上的简易机械举隅：轮轴

轮轴是常见而基础性的机械装置。它由铰链、轴承、齿轮等组成，当转动其中一个部件时，力传递到另一个部件，从而使另

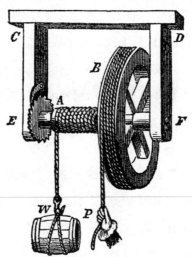

图 6-1　应用于提水辘轳的轮轴 [1]

[1] G. Quackenbos, *A Natural Philosophy: Embracing the Most Recent Discoveries in the Various Branches of Physics, and Exhibiting the Application of Scientific Principles in Everyday Life*, New York: D. Appleton and Company, 1859, p. 103.

一部件转动起来。它可以起到放大力量的效果，施加到大轮周边的小力可以移动附着在轴上较大的载荷。因此轮轴可以视为杠杆的一种形式，其省力程度由施力位置距轮轴中心距离的比值，也就是轮和轴各自半径比值而决定。与杠杆类似，轮轴或者省力同时费时，即在轮上施力推动枢轴，如门把手、扳手、鱼竿卷线器、水龙头开关等；或者省时同时费力，即在轴上施力推动轮子，如脚踏车后轮、直升机螺旋桨等。

古代世界众多文明对轮轴都不乏理性认识，对轮轴的实际应用更是源远流长。本节将以若干具体应用为例，概述轮轴技术在丝绸之路沿线的分布和学者们对轮轴理性认识的发展。

一、丝绸之路上的陶轮

陶轮很可能是人类最早使用的轮轴形式，它被用于制作陶器的圆形外观、从较干燥的陶器上修刳去除多余的部分，以及在陶器上绘制颜色图案。通过欧亚非世界各区域之间漫长的连接与互动，陶轮成为制陶技艺中普遍使用的工具，从而大大提高了各类陶制容器的生产效率。由于陶轮的发明对社会发展具有重要影响，数十年来它一直受到国际手工业考古工作者的关注。[①]

在陶轮发明之前，人们主要以泥条盘筑方式制作陶器。长条

[①] 例如在 2015 年欧洲考古学会年会上就开设了对地中海沿岸陶轮的发明与传播的专题讨论，共有 13 篇报告分别关注了陶轮在安纳托利亚、古埃及、爱琴海地区、巴尔干半岛、意大利等地的起源与发展历程。

黏土被盘筑着形成陶器器身，随后人们通过掐捏和拍打等手段使其成形。为准确地沿着工件顶部盘筑泥条，工匠可以采用两种途径，要么自己围绕器物转动，要么更简单地旋转器物，实际操作中人们选择了后者。每旋转一圈，容器就增加一点高度。在前哥伦布时代，由于没有陶轮的传入，美洲印第安人一直使用这样的方法来制作陶器。

从技术进化的角度来说，最早的陶轮显然来自这种泥条盘筑制陶技艺中所用垫子或大片叶子的演化。圆形陶轮被逐渐引入，因为它更容易用手缓慢转动。这样就形成了早期慢轮。一些具有鲜明表面特征的小型陶碗显示出，陶轮可能在铜石并用时代晚期（约公元前 5 千纪中期到公元前 4 千纪上半叶）就出现于近东地区。如在美索不达米亚的乌尔 F 窖藏史前遗物（约公元前 7 千纪到公元前 5 千纪）中，就发现了厚 7.5 厘米、直径 75 厘米、中央有孔的黏土圆盘。发掘者认为这类器物具有较大重量，足以作为陶轮来使用。[①] 到青铜时代早期（约公元前 3 千纪中叶），这类慢速陶轮在黎凡特南部等地区也发现了一些实物。这些用黑曜石、木头或黏土等材料制成的工具呈现出规则的圆形，在其圆心是安

---

① L. Woolley, *Ur Excavations, vol. 4: The Early Periods*, London/Philadelphia: British Museum / Museum of the University of Pennsylvania, 1956, p. 289. 近东其他铜石并用时代到铁器时代的陶轮资料见 S. Doherty, *The Origins and Use of the Potter's Wheel in Ancient Egypt*, Oxford: Archaeopress, 2015, pp. 10-14.

装立轴的圆孔，因此可以推测它的制作技艺在当时已经有很长时间的传承，而制陶在当时也是一个各地普遍的、拥有多个工序的生产体系。①

但是，这些陶轮的出现，所反映的是年代较早的慢轮泥条盘筑制陶工艺，还是出现时间较晚的拉坯技法，仍是一个问题。在现代叙利亚和黎巴嫩边境的一些制陶遗址，发现过形态与前述圆盘状截然不同的另一种陶轮。这种陶轮由两块各自呈近似半球形的石器组成，其中一块的横截面上有一个锥状突起，另一块则相应开有凹槽。两块石器拼接后可以放在地上或平台上转动。② 模拟实验表明，这种陶轮转动时摩擦力太大，以至于无法达到拉坯所需转速。可能在协助下，这种陶轮能在每分钟 20 周的速度下旋转，用于制作小碗或给手工制作的陶器颈部和边缘抛光。③

不仅是半球形陶轮主要被用作泥条盘筑制作陶器的工具，就

---

① V. Roux and P. de Miroschedji, Revisiting the History of the Potter's Wheel in the Southern Levant, *Levant*, 41(2009): 155-173.

② M. Trokay, Les deux documents complémentaires en basalte du Tell Kannâs : base de tournette ou meule, in M. Lebeau and Ph. Talon, ed., *Reflets des deux fleuves. Volume de Mélanges offerts à André Finet*, Leuven: Peeters, 1989, pp. 169-175; E. Quarantelli, The Land between Two Rivers: Twenty Years of Italian Archaeology in the Middle East, *The treasures of Mesopotamia*, Turin: Il Quadronte, 1985, p. 161.

③ E. Edwards and L. Jacobs, Experiments with 'Stone Pottery Wheels' Bearings: Notes on the Use of Rotation in the Production of Ancient Pottery, *Newsletter. Department of Pottery Technology*, University of Leiden, 4(1986): 49-55.

连美索不达米亚和黎凡特南部的圆盘形陶轮，进行模拟实验的结果是，假如对应于拉坯工艺的话，则无法符合出土陶器的显微组构。[1] 换句话说，具有陶轮使用"嫌疑"的青铜时代早期及更早的美索不达米亚和黎凡特陶器，均为泥条盘筑工艺的产品。

　　泥条盘筑工艺的生产效率比拉坯工艺低得多，当时运用慢轮制作的陶器，只能满足当时快速城市化带来的一小部分需求。但与 20 世纪 50 年代柴尔德（Vere Gordon Childe）等学者所持人口增长最终导致技术革新的理论[2] 不同的是，青铜时代早期的遗物暗示，供需关系的不平衡在很长时间内并没有促进制陶技术的变革。学者们推测，使用陶轮制作器物的专业工匠人数很少，他们所生产出的陶器，在当时陶器总量中占比并不大，但主要承载符号表达功能，其主顾是从铜石并用时代兴起的社会精英阶层。正由于掌握这类工艺的工匠数量很少，在局势动荡的青铜时代中间期，泥条盘筑工艺在供需两端都面临萎缩局面，最终导致这项工艺在很多区域让位于后起的拉坯工艺。[3]

---

[1] M. Boileau, *Production et distribution des céramiques au IIIème millénaire en Syrie du Nord-Est*, Paris: E′ditions de la MSH/Éditions Epistèmes, 2005; V. Roux and P. de Miroschedji, Revisiting the History of the Potter's Wheel in the Southern Levant, *Levant*, 41(2009): 155-173.

[2] C. Singer, et al., ed., *A History of Technology*, Oxford: Clarendon, 1954, pp. 187-215.

[3] J. Baldi and V. Roux, The Innovation of the Potter's Wheel: A Comparative Perspective between Mesopotamia and the Southern Levant, *Levant*, 48(2016): 1-18.

拉坯工艺或快轮，在近东兴起于公元前 3 千纪晚期。它的核心是一台能够在旋转运动中储存旋转动能的飞轮装置。除了陶轮外，从新石器时代就出现的纺锤也是飞轮具体应用的实例。工匠用连杆等机构把力传导到轮上，使其旋转并提供离心力。在离心力作用下，放在陶轮中央的黏土原料被挤压、抬升和塑形，这被称为"拉坯"。使用快轮，尽管工匠需要更长的学徒期来达到精通的程度，[①] 但成熟的工匠可以更快地制作出各类容器。

根据对出土陶器的观察，到青铜时代中期第二阶段（约公元前 2000 年），巴勒斯坦陶器已经在快轮上拉坯制成。青铜时代晚期，该技术在这里一度失落，但在铁器时代再度出现。依照结构的复杂程度，可以划分为单轮和双轮两种。其中单轮的遗物见于哈佐尔（Hazor）等遗址，轮盘直径可达 1 米左右。[②] 从古埃及第十八王朝壁画可见，这类陶轮可以由工匠本人或助手用手转动，用于制作体积较大的陶缸等器物。直到现在，阿富汗、印度、克里特岛等地的传统制陶作坊中仍可零星看到改进后的单轮使用。[③]

---

① 在印度的调查显示，工匠熟练掌握拉坯工艺需要 10—20 年的学徒期，而泥条盘筑工艺只需要 1 年，见 Roux and Corbetta, *The Potter's Wheel: Craft Specialization and Technical Competence*, New Delhi and Oxford: IBH Publishing, 1989, p. 69.

② Y. Yadin, Further Light on Biblical Hazor: Results of the Second Season, 1956, *The Biblical Archaeologist*, 20(1957), 2: 33-47.

③ B. Saraswati, *Pottery-Making Culture and Indian Civilization*, New Delhi: Abhinav, 1979, pp. 16-19.

与单轮相比，双轮解放了人们的手。它用一根木杆把两个轮盘上下连接到一起，人们可以用脚或进一步添加其他机械装置来驱动下方轮盘，在轴的带动下，上方轮盘也一同旋转。这样就无须助手的介入，从而节省人力，而且工匠可以不中断操作，让产品更加精美。

据叙利亚-黎巴嫩地区的文献记载，这里的制陶业曾因公元前7世纪亚述人带来的快轮拉坯工艺而革新，但考古证据表明其实际出现年代可能更早。[①] 在铁器时代早期，黎凡特地区或已出现能用于拉坯的快轮。[②] 相对来说，美索不达米亚的陶工作坊遗址在年代上较缺乏连续性，导致最早的双轮出现年代模糊，或可追溯到公元前2千纪初，大规模使用则晚到公元前1千纪。[③] 这与黎凡特地区出现和普及的年代大致相当。

与美索不达米亚和黎凡特等地相比，古埃及的陶轮发展拥有更丰富和更直观的证据，那就是法老和贵族墓葬里的壁画、雕像和文献记录。虽然解读这些图像和文字证据需要时刻注意避免过度诠释，但结合考古证据，可以推测在古王国第四王朝法老斯尼

---

① H. Franken, *In Search of the Jericho Potters: Ceramics from Iron Age and from the Neolithicum*, New York: Elsevier, 1974, p.30.

② B. Wood, *Sociology of Pottery in Ancient Palestine*, Sheffield: Sheffield Academic Press, 2009, p. 20.

③ P. Moorey, *Ancient Mesopotamian Materials and Industries: The Archaeological Evidence*, Oxford: Oxford University Press, 1994, pp. 148-149.

夫鲁（Sneferu）时期，古埃及已经出现陶轮。这个时代比近东明显要晚。

古埃及王室和近东城市之间存在历史悠久的贸易路线，在一些时代巴勒斯坦等地则是古埃及的殖民地。因此陶轮从近东向古埃及的传播，可能来自工匠的跨地区转移（这从纺织技术从叙利亚向古埃及传播的历程中也可以看到），也可能由于古埃及具有更加鲜明的定于一尊的法老制度，从而使工匠群体更紧密地依附于精英阶层，这样的生产关系与近东陶器生产的情况是类似的。值得一提的是，拉坯在古埃及出现更早，从第六王朝（公元前24—前22世纪）的壁画里，就可以看到工匠在单轮上给黏土块拉坯的场景。

古埃及陶轮的主要原材料是坚硬的玄武岩，因此制作陶轮必须和能够钻穿玄武岩的石匠联系起来，这让陶器生产成为更加工业化的领域。模拟实验显示，5—10分钟就可以用古埃及式陶轮制作出颇为精致的容器。尽管如此，由于精英阶层对包括祭祀之用在内的陶器需求量极大，陶工们必须起早贪黑地劳动。随着时间推移，古埃及陶轮技术逐渐转为民用，成为这个拥有更复杂社会结构和更先进技术的国度开始浮现的标志。[1]

从公元前2千纪开始，拉坯技术逐渐向东地中海沿岸各地传播。但正如前面提到的黎凡特南部地区，更先进的陶轮技术，或

---

[1] S. Doherty, 2015, pp. 104-114.

者最先进的拉坯制作工艺，其产品仅占陶器总量一小部分那样，在其他地区，如塞浦路斯（塞普里奥文明晚期，约前 1650—前 1320）、[①] 克里特岛（米诺斯文明中晚期，即前 1900—前 1450）等地，很长时间内利用离心力制作陶器的工艺，与传统泥条盘筑工艺呈现出共存状态，看似更先进的技术并没有因工匠群体和产品之间存在贸易和日常接触等交流，而迅速占据压倒性优势。这是技术史上相当值得关注的现象。直到现代，类似的传播隔阂现象仍能在印度的穆斯林和印度教制陶传统之间观察到。有学者用拥有制作知识的工匠群体之间同质或异质程度来衡量传播的缓急。[②] 这让陶轮的传播在技术史上具有了较高的普遍意义。

以上讲述了陶轮在欧亚非世界枢纽的早期演化，那么陶轮在世界其他地方的发展又是如何呢？实际上，对陶轮发明优先权的争论至今尚未停息。除了近东地区外，声称是陶轮最早起源地的还有古印度和中国。

位于南亚和中亚交通要道上的梅尔伽赫（Mehrgarh）遗址是南

---

① L. Crewe, Sophistication in Simplicity: The First Production of Wheelmade Pottery on Late Bronze-Age Cyprus, *Journal of Mediterranean Archaeology,* 20(2007), 2: 209-238.

② V. Roux and C. Jeffra, The Spreading of the Potter's wheel in the Ancient Meditatanean, in W. Gauss, et al., ed., *The Transmission of Technical Knowledge in the Production of Ancient Mediterranean Pottery*, Vienna: Österreichisches Archäologisches Institut, 2015, pp. 165-182.

亚新石器时代的重要考古地点。在那里不仅发现了南亚最早的农耕和畜牧遗迹，还出土了年代很早的陶器和制造它们的陶轮。

陶器从梅尔伽赫第二阶段（始自约公元前 6000 年）开始出现，数量规模并不大，但到第二阶段 B 期（约公元前 5000 年），由于陶轮的引入，出土陶器的量和质都有所提升。对于这些疑似年代比近东所出还早的陶轮，印度河文明的遗址提供的直接证据较少，更多的是由陶轮制作的陶器，以及在制陶时用于刮抹的燧石小刀等间接证据，这些证据的年代多在公元前 4 千纪到约公元前 2500 年。[①] 在一项对来自埃及到巴基斯坦，包括安纳托利亚和美索不达米亚广大范围内，年代为公元前 3500 年的多个遗址出土的 4 万件陶器或陶片的调查分析中，尽管梅尔伽赫在比较中与其他遗址相隔遥远，但出土材料仍然显示在这一时代里，陶器制作技术具有相似性，大多采用板坯逐片叠加工艺。即使可能已经存在陶轮，但工匠们在技术选择上呈现明显的保守性，意味着文化比经济效益对陶器生产技术施加更大的影响。这项调查透露出从

[①] G. Shar and M. Vidale, A Forced Surface Collection at Judeirjo-Daro (Kacchi Plains, Pakistan), *East and West*, 51(2001), 1: 37-67; M. Sharif and B. Thapar, Food-Production Communities in Pakistan and Northern India, *History of Civilization of Central Asia*, Vol.1, Delhi: Motilal Banarsidass, 1999, pp. 128-137; S. Méry, et al., A Pottery Workshop with Flint Tools on Blades Knapped with Copper at Naushato, *Journal of Archaeology Science,* 34(2007): 1098-1116.

埃及到印度河流域的人们已经通过各种交流方式连接到一起。[①]

中国考古学家在 20 世纪 30 年代就注意到陶器制作中轮制工艺的存在。[②] 之后轮制技术逐渐在考古发掘、文献考索以及传统工艺调查等各研究方法综合运用下得到越来越全面的了解。浙江萧山的跨湖桥遗址发现的陶轮底座，年代为公元前 5200—公元前 5000 年，是目前世界上所发现年代最古老的使用陶轮的证据。[③] 到距今四五千年前的仰韶文化时期，慢轮已经非常普遍。除了制陶之外，中国史前时代就已盛行的玉作工艺，如在南方淮河、长江流域环玦生产技术的发达，或与轮轴机械不无关系。[④]

与别的地区类似，中国快轮制陶工艺也可以从器物上残留的痕迹体现出来。其主要特征包括：内外壁常常残留螺旋式拉坯指印痕迹、底部外方可见偏心涡纹，器物表面分布有轮纹，器身也呈现出浑圆规整的样貌。[⑤] 依照这些外观特征，有学者认为在长期

---

① P. Vandiver, Sequential Slab Construction: A Conservative Southwest Asiatic Ceramic Tradition, ca. 7000-3000 B. C., *Paléorient*, 13(1987),2: 9-35.

② 傅斯年等，《城子崖——山东历城县龙山镇之黑陶文化遗址》，中央研究院历史语言研究所，1934 年，第 42 页。

③ 施加农等，《跨湖桥文化先民发明了陶轮和制盐》，《浙江国土资源》2006 年第 3 期，第 58—60 页。

④ 关晓武等，《珠海宝镜湾史前遗址出土环砥石用途试探》，邓聪主编，《澳门黑沙史前轮轴机械国际会议论文集》，澳门民政总署文化康体部，2014 年，第 252—267 页。

⑤ 于洁，《试论轮制陶器技术及其特点》，《南方文物》2015 年第 4 期，第 128—133 页。

普遍使用慢轮的基础上，经过不断改进，在湖北大溪文化第四期
（距今约 5330—5235 年），出现快轮制陶，这项技艺在年代稍晚的
长江中游屈家岭文化（约前 2500—前 2200）中得到进一步发展，
其晚期典型器物普遍采用快轮制陶。[1]

　　陶轮在东亚的传播图景与现代人容易想象的也不一样。实际
上朝鲜半岛上陶轮的使用可能要晚到乐浪陶器（公元前 1 世纪到
公元 3 世纪），[2] 而日本对陶轮的使用，则要更晚到公元 5 世纪之
后。此时开始出现的"须惠器"（Sueki），首次使用陶轮，并在朝
鲜式的高温窑中烧制，它最终可追溯到中国，但受到朝鲜陶器的
直接影响。

　　从陶轮发展的历程来看，自公元前 5—4 千纪以来，简单的慢
轮在欧亚非世界多点开花，随后四处扩散，并缓慢演变出效率更
高的快轮拉坯工艺。陶轮在史前中国出现时间很早。在慢轮向快
轮迈进的过程中，西亚较快进入不同技术共存的阶段，更新时间
上大体紧随了东亚。东亚陶轮的影响是否波及南亚和西亚，至今
由于考古证据不足，仍然悬而未决。可以说，通过陶轮，先民们
很早就积累了一些关于轮轴、离心力等现象具体实践的知识。

[1] 李文杰，《试谈快轮所制陶器的识别——从大溪文化晚期轮制陶器谈起》，
《文物》1988 年第 10 期，第 92—94 页。
[2] Choi Chong-Kyu, The Dawn of the Emergence of Stoneware Pottery, *Hanguk Kogo Hakbo*, 12(1982): 213-224.

二、古代车辆的轮轴

车轮可以称得上人类历史上最重要的发明之一。通过轴的传递，驱动车辆向前行进的拉力所面临的从较大的地面滑动摩擦力，转化为较小的滚动摩擦力，这样车子就可以用较小的动力顺利行进，也可以克服地面上较小的高低起伏，即便有些微凹凸不平之处，轮子仍能带动车辆继续前进，而不会被阻碍。

车轮由许多部件组成，如轴（起支承作用）、辋（轮子外缘起固定作用的轮框）、毂（轮中心与轴和辐条相连接的部分）、辐条（在轮子上呈放射状，连接毂和辋），以及其他一些起连接、调整和装饰作用的配件。这些配件并不是从最初就齐备的，而是在漫长发展过程中增减完善。

与陶轮类似，在前哥伦布时代的美洲，并没有用于实践的车轮，人们运输物品的方式仅限于人力、挽狗或美洲驼。尽管在年代为公元 1 世纪前后墨西哥南部的奥尔梅克遗址中，发现过下面用两根轴穿起四只小轮子的陶犬玩具，反映出制作者拥有朴素的车轮意识，但这并没有进一步发展出车辆。①

在现今叙利亚、土耳其、高加索地区及中欧的波兰、匈牙利等地遗址中，发现过不少年代推测为公元前 4 千纪的使用车轮的痕迹，它们或者是微缩的黏土模型，或者被描绘在器壁上，此外

---

① R. Bulliet, *The Wheel: Inventions and Reinventions*, New York: Columbia University Press, 2016, pp. 50-51.

还有诸如车辙等间接证据。^① 从这些形象可以看出最初的车轮形式仅是简单的一大块实心圆木，其尺寸受到圆木直径的限制。其中波兰布罗诺切策（Bronocice）发现的陶器器壁（约前3100—前2600）上刻画的车辆图案，不仅描绘了车辆的四个车轮（以及位于中央的备用车轮），还包括车前方用于驾挽的车辕与分成两股的衡。据此学者们复原出由两头牛驾挽的新石器时代晚期中欧地区的车辆。只是图案上没有描绘出车轴的确切形象。^②

图 6-2　波兰布罗诺切策发现的陶器器壁上的车辆图案
（波兰克拉科夫考古博物馆藏）

---

① J. Bakker, et al., The Earliest Evidence of Wheeled Vehicles in Europe and the Near East, *Antiquity*, 73(1999): 778-790; G. Ilon, Újabb adat a réz-és bronzkori kocsik Kárpát-medencei történetéhez, *Vasi Szemle*, 55(2001): 474-485.

② J. Kruk and S. Milisauskas, Utilization of Cattle for Traction During the Later Neolithic in Southeastern Poland, *Antiquity*, 65(1991): 562-566.

　　2002 年，在斯洛文尼亚首都卢布尔雅那附近沼泽遗存的发现，向我们展现了目前所知年代最早的车轮实物，尽管在发掘时很难运用放射同位素法测定其年代，但根据同遗址其他证据，可以将其定位于公元前 3600 年到公元前 3332 年之间。[①] 尤其重要的是，连同这个车轮一起出土的，还有位于车轮中央、横截面为方形的轴，因此车轮很可能原本来自至少有两个轮子的车。这个车轮由两片呈半圆形的木板用橡木楔子拼合而成，直径 72 厘米，厚 5 厘米。车轴长度则为 124 厘米。

图 6-3　斯洛文尼亚卢布尔雅那沼泽车轮及轮轴（卢布尔雅那城市博物馆藏）[②]

① A. Velušček, Une roue et un essieu néolithiques dans le marais de Ljubljana (Slovénie), in A-M. Pétrequin, et al., ed., *Premiers chariots, premiers araires: La diffusion de la traction animale en Europe pendant les IVe et IIIe millénaires avant notre ère*, Paris: CNRS, 2006, pp. 39-45; K. Čufar, et al., Dating of 4th Millennium BC Pile-dwellings on Ljubljansko Barje, Slovenija, *Journal of Archaeological Science*, 37(2010): 2031-2039.

② https://mgml.si/media/exhibitions/2018/05/17/FOTO_PRESS_LZM.zip.

　　除卢布尔雅那车轮外，在瑞典、德国、匈牙利等其他地方的遗址中也陆续发现了一些年代稍晚的车轮实物。根据这些车轮，可以复原出当时欧洲车辆拥有底面为矩形、侧方为梯形的车身，其装饰纹样则依不同文化而有所差异。用木板拼合成车轮，意味着轮轴的取材可以更加多样。[①]

　　欧洲地区出现的早期车轮与轮轴的关系是，车两侧的轮子被固定在车轴两端，它们自己不能独立旋转。根据前述车辆形态，以及轮子与车辆大小的关系，近年有学者推测欧洲的轮子或许源于喀尔巴阡山铜矿里的矿车，它们拥有比较固定的路线，几名矿工推动四轮车在路面相对平整的矿井中移动，采掘出的铜矿石则让耗费的力气能够得到充分的经济回报。[②]由于喀尔巴阡山脉以南和以西是面积约为 10 万平方千米的匈牙利大平原，车轮有可能从山中的矿坑向地势平坦的其他地方扩散。

　　把轮子固定在车轴两端，如果一侧被不平坦的地面阻碍的话，另一侧也会被连带困住，这样车辆的转向能力很受限制。因此从固定在车轴两端的轮子，过渡到各自能够在车轴上独立转动的轮子，是技术上的一大进步，这样车辆可以更加灵活地适应复杂的

① M. Bondár, A New Late Copper Age Wagon Model from the Carpathian Basin, in P. Anreiter, et al., ed., *Archaeological, Cultural and Linguistic Heritage: Festschrift for Erzsébet Jerem in Honour of her 70th Birthday*, Budapest: Archaeolingua Alapítvány, 2012, pp. 79-92.

② R. Bulliet, 2016, pp. 62-82.

路况。对车辆轮轴的这项改进，很可能是于公元前 4 千纪末到 3 千纪初，跨越喀尔巴阡山脉，在东欧草原上发生的。

从乌克兰到俄罗斯的黑海北岸平原，到折而向北的伏尔加河谷，散布着大约 250 座出土四轮车的墓葬。这些墓葬中出土的遗物中有最古老的车辆实物。轮子的直径在 50—80 厘米之间，大多是由两到三块木板拼合而成。车轮中心是锥形并向两侧突起 10—20 厘米的构造，这些突起通过轮辖与车轴连接，同时为避免车轮在转动中左右摇晃，车轮必须具有一定厚度。[1] 同时，为减轻车轮整体太厚为车辆带来的不必要的负担，很多车轮从中心向边缘逐渐削薄，厚度从中心的 6 英寸缩小到边缘的 3 英寸。这样的解决方案在随后千年的使用实心轮的区域被广泛采用。[2]

车轮在东欧草原上的传播，被与原印欧语的起源和扩散联系到一起。理论上说，在东欧草原上有证据，并不能和车辆以这里为中心继续向周边扩散画等号。不过一部分考古学家把东欧草原上发现的早期战车，[3] 连同在同一区域最早兴起的马匹饲养（这两项发明被认为同属于分散于东欧草原上的亚姆纳文化的结晶）一

---

[1] D. Anthony, *The Horse, the Wheel, and Language: How Bronze-age Riders from the Eurasian Steppes Shaped the Modern World*, Princeton: Princeton University Press, 2007, pp. 69-72.

[2] R. Bulliet, 2016, pp. 84-85.

[3] D. Anthony and N. Vinogradov, Birth of the Chariot, *Archaeology*, 48(1995),2: 36-41.

图 6-4　阿塞拜疆出土青铜时代使用实心车轮的陶车模型（阿塞拜疆国家历史博物馆藏）

起，认为是印欧人从东欧"坟冢文化"起源的证据之一，称为"坟冢（Kurgan）假说"，并与另一种假说，即印欧语居民源于小亚细亚的"安纳托利亚假说"争雄。在公元前 3000 年气候变得干燥的背景下，马和战车在草原居民的日常生活中发挥了越来越重要的影响，并伴随着他们向中欧、伊朗等广大地区扩散，塑造了印欧语言区形成的技术基础。在现在属于印欧语系的各种语言里，可以看到一些能够追溯到与"轮子"、"轴"、"车辕"、"车运"等有关的原印欧语共同起源。[①]

固定在轴两侧的轮子转变成可以各自自由转动的轮子，在考古遗物上的特征是轮子中心开始出现管状套筒，也就是轮毂。在轮毂的帮助下，轮子以带有某些灵活度的方式安装到轴上，这样就具备了一定转向能力。黑海北岸草原上的货车可以在牛的拉动

① D. Anthony, 2007, p. 64.

下，以大约每小时 3.3 千米的速度前进。这是气候变恶劣后，从定居农业转变为更注重移动能力的游牧者所急需的。[①] 由于车辆在牧民那里扮演如此重要的作用，它往往作为陪葬品被放入墓葬中，并成为辨别墓主人社会地位的佐证。

车轮改进的一个重要环节在于辐条的引进。这项改进对人们思维上的考验并不小，因此它的完成经历了相当长的过程。使用实心车轮，不管车轮是用单块木料切削而成，还是用两到三块木板拼合而成，都意味着需要找到与所要制作车轮直径相近的材料。在公元前 4 千纪的中欧地区，森林比较茂密，这样的木材并不难获得。但在公元前 3 千纪气候转变，森林被草原所取代的环境下，制作实心车轮所需的大块木板就不那么容易得到了。除了缩小车轮尺寸外，另一个应对之策是用形状不那么完整，但取材更丰富的木板来凑成轮状，车轮不再是实心的，而是内部出现空腔。这样做还带来一项优势，就是车轮的重量减轻了。[②] 为了使不完整的车轮稳固耐用，工匠或许会从中心向外安置一些木棒作为支撑，这就成为辐条的雏形。

---

① R. Bulliet, 2016, pp. 85-87.

② 原则上青铜时代的工匠能够借助修补技术，用零碎材料把形状补充完整。例如古埃及工匠就对哈特谢普苏特（Hatshepsut）神庙中的 Deir el-Bahri 车轮进行过修补（大英博物馆藏品，编号 EA29943，http://www.britishmuseum.org/research/collection_online/collection_object_details.aspx?objectId=125745&partId=1&searchText=29943&page=1 [2018-10-26].（转下页）

　　辐条的出现让车轮尺寸不再受原材料的限制，直径长达 1.5 米甚至更大的车轮开始出现，这对于车辆在草原上翻山越岭很有帮助。但是新型车轮对制造工艺也提出更高的要求，制作者需要把握好角度，把辐条均匀且恰当地安插到轮毂和轮子边缘，为了让车轮保持圆形，轮子边缘也需要加工。起初轮子边缘或许仍以木板制作，人们经过探索，逐渐掌握了揉木为轮，即把直木加工成具有一定弧度的弯木的技巧，由几块分别揉出的弧形边缘拼合而成的轮辋也开始出现。从车轴、轮毂、辐条到轮辋，为了让车辆更加坚实耐用、乘坐更加舒适，其他联接和调整部件也逐渐完备，车辆结构变得越来越复杂，这促成了专门制造车辆的工匠群体的出现。

　　使用辐条的轮子让车辆更加轻便灵活，更易于操作的两轮车取代四轮车，成为交通工具的主流形式，结果是从公元 5 世纪到中世纪晚期，四轮货车已经非常罕见。只有在以车作为居住场所，能够接受缓慢移动速度的中亚游牧民族那里，才能看到四轮车。[1]

（接上页）参见 B. Sandor, The Rise and Decline of the Tutankhamun-class Chariot, *Oxford Journal of Archaeology*, 23(2004),2: 153–175 ），这项技术当然适用于用零碎材料制作整体产品。

[1] 对于游牧民族使用的穹帐车，斯特拉波等古典时代作家，以及成吉思汗时代的记载，都有所描述，参见 Ammianus Marcellinus, *Roman History*, trans., by C. Yonge, 31.2.20, https://en.wikisource.org/wiki/Page%3ARoman_History_of_Ammianus_Marcellinus.djvu/594 [2018-10-26]; 道森编，《出使蒙古记》，吕浦译，周良霄注，中国社会科学出版社，1955 年，第 111—113 页。

车轮的轻便化及两轮车的出现，引发了曾在历史上显赫一时的战车
的出现。

车辆发明后，由于它的坚固和运输能力，人们逐渐把它用于战
争。公元前 2500 年美索不达米亚城邦乌尔（Ur）的遗物上，就出
现了带有四个实心木轮、车上覆盖毛皮、由牛或驴拉动的车辆的
形象。车上站着的手持长矛的士兵赋予了车辆军事背景，不过这
种车辆对于战斗来说仍过于沉重，更有可能是用于运输和仪式。①

最早出现在战斗场景的战车，则出现在以安纳托利亚中部和
叙利亚为主要领土的赫梯帝国。公元前 18 世纪的阿尼塔（Anitta）
文书，用楔形文字记录了攻打萨拉提瓦拉（Salatiwara）这座城
市时，动用了 40 支马队，这些成组编制的马或许意味着由几匹
马共同驱动的战车。② 更加明确的证据来自公元前 16 世纪早期的
哈图西里一世（Ḫattušili I）以及他的继承人、孙子穆尔西里一世
（Mursili I）那里，公元前 15 世纪的驯马师（Kikkuli）文书则非常
详细地讲解了在训练战车用马时的各类注意事项。③

---

① E. Kuzmina, *The Origin of the Indo-Iranians*, Leiden: Brill, 2007, p. 134; D.
   Anthony, 2007, p. 403.

② E. Neu, *Der Anitta-Text*, Wiesbaden: Studien zu den Boğazköy-Texten, 1974,
   p.15.

③ P. Raulwing, The Kikkuli Text, Hittite Training Instructions for Chariots
   Horses in the Second Half of the 2nd Millennium B. C. and Their
   Interdisciplinary Context, 2009, http://www.lrgaf.org/Peter_Raulwing_The_
   Kikkuli_Text_MasterFile_Dec_2009.pdf [2018-10-26].

　　由于战车轻便灵活，它很快就通过战争四处扩散，近东的战车很快传播到古埃及、欧洲、中亚等地。19 世纪在意大利北部的墨丘拉戈（Mercurago），发现过一个横梁车轮，这是从木板车轮向辐条车轮过渡的中间形态，其年代可追溯到公元前 18 到 13 世纪，当时这种形态的车轮在近东和欧洲很有影响。墨丘拉戈车轮则格外展现出一种本地性的发展趋势。①

　　近年来，通过 3D 激光扫描手段和有限元结构分析方法，发现这种车轮从部件细节到整体设计，都体现出能工巧匠的深刻思考。例如各部件连接处使用榫接并用胶水紧固；轮辋的横杆和销钉使用高强度的木材来加强支撑，而插入轮毂的材料则是软木以减小对轴直接接触的压力，避免对轴的过度磨损；为减小轮辋与地面接触的局部边缘应力，可能用皮革把轮辋包裹起来；辐条和轮毂之间连接处可能使用了可以更换的衬套。这些技术措施对后世车轮制作起到了知识积累的作用。不过，由于除横梁外的辐条强度不足，这种车轮最终遭到淘汰。②

　　1922 年，考古学家们在埃及国王谷发掘了古埃及第十八王朝法老图坦卡蒙（Tutankhamun）的墓葬（年代为公元前 1337 年），

---

① M. Littauer and J. Crouwel, The Origin and Diffusion of the Crossbar Wheel?, *Antiquity*, 202(1977): 95-105.

② A. Mazzù, et al., An Engineering Investigation on the Bronze Age Crossbar Wheel of Mercurago, *Journal of Archaeological Science: Reports*, 15(2017): 138-149.

在墓葬中发现了 6 辆战车，它们大小不等，各由两匹马驾挽，主
要用于仪式、运输、狩猎等用途，可能还用作赛车。[①] 根据对这些
战车轮轴结构的分析，它们的车轮相对于车身是灵活的，针对不
平直的地面具有对于弯曲和扰动的高度适应性。轮毂长而大，有
利于在高速转弯时侧方的离心力；轮辐薄而简单，可以降低车
辆的总体重量。由于轮辋和轮辐都具有一定弹性，车轮能够在
慢速和快速运动期间都提供相当程度的舒适性。车轮和车轴之
间的连接采用低摩擦耐用轴承，在车轴外表面和轴承内表面，用
动物油脂作为减少摩擦的润滑剂。在图坦卡蒙墓中的一架战车
上，车轴由位于中央的长"舌"与两个同样长的分叉尖齿捆绑到
一起，这种分离车轴可以被视为一种半独立悬架系统，起到减震
的作用。这些合理设计使得图坦卡蒙的战车既在加速和减速方面
拥有相当大的机动性，又能使乘坐者感到柔软舒适，它能够承受
超过 100 公斤的净载荷。[②] 这样的战车需要复杂的技术组装能力，
工匠们当然并不懂得现代数学形式的机械理论，但他们显然拥有
固体力学方面的实践知识，这也反映出近东和古埃及高度组织化

[①] M. Littauer, et al., ed., *Chariot and Related Equipment from the Tomb of Tutankhamun*, Oxford, Griffith Institute, 1985.

[②] A. Rovetta, et al., The Chariots of the Egyptian Pharaoh Tutankhamun in 1337 B. C.: Kinematics and Dynamics, *Mechanism and Machine Theory*, 35(2000): 1013-1031; B. Sandor, The Rise and Decline of the Tutankhamun-class Chariot, *Oxford Journal of Archaeology*, 23(2004),2: 153-175.

的社会发展水平。

图 6-5 古埃及图坦卡蒙墓葬出土马车复制品 ①

图坦卡蒙法老的战车显然是当时顶级技术的展现，古埃及及邻近地区战车制造业的发达，从图特摩斯三世（Thutmose Ⅲ 前 1481—前 1425 年在位）时期文献里的战利品清单就可看出。在这份清单里，缴获的既有用黄金装饰、供王公乘用的华丽战车，还有 892 辆供军队作战用的普通战车。② 到公元前 1274 年的卡迭石之战，更可以看到近东和古埃及鼎盛的战车军团。在这场战斗中，来自赫梯和古埃及的战车共有 5000—6000 辆之多。古埃及人不但在文献中记录下这场战斗中战车的激烈对决和战车在战术中发挥

---

① 来源：wikimedia commons

② M. Lichtheim, *Ancient Egyptian Literature, vol. 2: The New Kingdom*, San Francisco: University of California Press, 1976, p. 33.

的巨大作用，还在石刻壁画中展现了当时战车的样貌。[①]

　　图坦卡蒙战车的轮轴为后世战车留下了丰厚的技术遗产。例如图像资料中的亚述战车呈现细长、锥形的轮辐，以及厚重的轮胎，与图坦卡蒙战车的设计很相似。希腊战车则拥有更加轻盈的支架，有利于降低战车在加速中受到的损害，但希腊战车的辐条与图坦卡蒙战车很可能相同，都是 V 字形。罗马战车的轮子和轮距都更小，不过其轮毂和辐条之间的 U 形插座与图坦卡蒙战车存在明显的对应关系。[②]

　　前面提到在战车发明之后，很快就从近东地区向西南的古埃及、西北的地中海沿岸，以及东部的中亚地区扩散。安阳殷墟出土的马车，形态已经比较成熟，即独辕前端有横衡，衡上有双轭，这与西方早期的四轮牛车相似。不过殷商时期马车车轮的辐条数量明显多于环地中海地区的马车，显现出两种有差别的传统。因此中国早期马车究竟是西来还是本土发明，一直是争论不休的问题。

　　1969 年，苏联考古学家在哈萨克斯坦北部的辛塔什塔河畔发

---

① J. Wilson, The Texts of the Battle of Kadesh, *The American Journal of Semitic Languages and Literatures*, 43(1927), 4: 266-287; A. Spalinger, The Battle of Kadesh: The Chariot Frieze at Abydos, *Egypt and the Levant*, 13(2003): 163-199.

② B. Sandor, The Rise and Decline of the Tutankhamun-Class Chariot, *Oxford Journal of Archaeology*, 23(2004),2: 153-175.

现一系列从中石器时期到中世纪的遗址，其中青铜时代的辛塔什
塔遗址是一个带有城防设施的聚落，在那里的发掘工作取得了相
当丰富的发现。后来这里与面貌相近的彼德罗夫卡文化并称"辛
塔什塔－彼德罗夫卡文化"，分布在从南乌拉尔山东部到哈萨克
斯坦北部的草原地带，其年代为公元前 2200 年到公元前 1900 年。
不少学者认为这一文化把马车首先引入中亚草原，目前已经正式
发掘殉葬马车墓十余座，这些马车是中亚乃至东亚最早的双轮马
车。这些马车的车轮有 12—14 根辐条，与中国商代战车相近。鉴
于中国境内的辛塔什塔－彼德罗夫卡文化遗物屡见不鲜，一些
学者认为该文化对中国文明影响很大，其中就包括了战车的传
入。[①]1970 年代在高加索地区的鲁查申（Lchashen）遗址发现的马
车与安阳马车极其相似，[②] 这令不少西方学者都认同中国马车西来
说，并进一步把马车传入路线进行了相当细致的推测。[③]

---

① E. Shaughnessy, Historical Perspectives on The Introduction of the Chariot into China, *Harvard Journal of Asiatic Studies*, 48(1988): 189-237；林梅村，《青铜时代的造车工具与中国战车的起源》，载《古道西风：考古新发现所见中西文化交流》，三联书店，2000 年；龚缨晏，《车子的演进与传播——兼论中国古代马车的起源问题》，《浙江大学学报（人文社会科学版）》2003 年第 3 期，第 21—31 页；杨建华，《辛塔什塔：欧亚草原早期城市化过程的终结》，《边疆考古研究》2007 年第 3 期，第 216—225 页。
② S. Piggott, Chariots in the Caucasus and in China, *Antiquity*, 1974 (48): 16-25.
③ 王巍，《商代马车渊源蠡测》，《中国商文化国际学术讨论会论文集》，中国大百科全书出版社，1998 年；王海城，《中国马车的起源》，《欧亚学刊》第 3 辑，中华书局，2004 年，第 1—36 页。

尽管中国战车最早可能从域外传入，但本土对车具和马具的改进并不少。杨泓指出，商代马车尽管已经参与军事活动，但还没有专门供战斗使用，战车是随着驷马战车的出现、车和马具的改进，以及新兴格斗兵器出现，才逐渐提高在战争中的地位，直到东周，车战才趋于完备。[1] 在《考工记》中，记录了大量制作车辆的专门工匠门类，以及车毂、辐条、车辋（牙）的制作技术与技术标准。[2] 这些制作技术在东周一些墓葬中出土的马车上得到验证。例如山西太原金胜村赵卿墓车马坑，其辐条断面的粗细变化，及安放位置等，都符合《考工记》里"肉称"（各断面之间过渡要平滑而不要突兀）、"取诸易直"（车辐从外边看任何一侧应当是一条直边）等检验标准。[3]

毫无疑问，公元前 3 世纪末的秦始皇陵铜车马是这项技术在当时最高水平的展现。这时的战车充分利用了当时已经熟知的青铜材料来制作许多零件，在轮轴的设计方面也有许多可称道之处。例如轴的设计采用中空圆柱形截面，以及中间到两端逐渐减小的变截面。轮毂内孔与轴在中间部分不能接触，这样可以实现轴向止推，防止轮子在轴的方向上窜动。轮辐的弯矩设计符合现代强

---

[1] 杨泓，《战车与车战二论》，《故宫博物院院刊》2000 年第 3 期，第 36—52 页。

[2] 贺陈弘、陈星嘉，《考工记独辀马车主要组件之机械设计》，《（新竹）清华学报》1994 年第 4 期，第 419—450 页。

[3] 渠川福，《太原晋国赵卿墓车马坑与东周车制散论》，山西省考古研究所等编，《太原晋国赵卿墓》，文物出版社，1996 年，第 351—356 页。

度理论。[①]从秦始皇陵铜车马来看，中国工匠在制造车辆方面可谓后来者居上，轮轴设计巧妙、结构合理、工作可靠，体现了千余年技术知识的不断尝试、摸索、总结的结晶，同时也是丝绸之路轮轴发展园地里绽放的一朵奇葩。

三、古代学者对轮轴的认识

不管是陶轮还是车轮，轮与轴的作用关系主要还是相互带动转动，省力或者节省作用时间并不是它们的主要目的。但从其他运用轮轴的机械装置，例如绞车中，古代学者们逐渐把实践知识升华为理论性知识，并最终回到实践，去更好地指导新发明的产生。

古希腊学者很早就开始注意观察机械运动的情况。公元前 4 世纪的一篇托名亚里士多德的作品《机械学》里，提到用辘轳控制的滑轮系统内，在一个齿轮影响另一齿轮运动时，两个滑轮旋转方向相反，而且约略地提到为了省力可以使用 5 种简单机械。[②]该书在第 13 个问题中，问道："为什么较大的手柄比较小的更容易绕主轴旋转？以及通过施加较小的力，较轻的绞盘比更重的手柄容易移动？这是否因为辘轳和纺锤是中心，而远离它们的是半

---

① 陆敬严，华觉明主编，《中国科学技术史·机械卷》，科学出版社，2000 年，第 277—280 页。

② Carra de Vaux, *Les Mécaniques ou l'Élévateur de Héron d'Alexandrie*，Paris: Leroux, 1894, pp. 22-24.

径？那么，通过施加相同的力，半径更大的圆比半径更小的圆移动速度更快，距离更大；通过施加相同的力，距离中心更远的物体移动更多。这就是为什么人们给轴配上更容易让它旋转的手柄，在轻型辘轳的情况里，更靠外侧也就是半径更大的部分移动更远"。[1]拜占庭的菲隆则名列首批在提水机械里使用齿轮的学者之一。众所周知，生活在公元前 3 世纪的阿基米德是希腊化时代的力学先驱，阿基米德与拜占庭的菲隆，都在很多机械设计中使用了齿轮，并冠以亚历山大里亚工程师的名头。[2]

最早对轮轴展开比较完整论述的是希腊化时代埃及亚历山大里亚的工程师希罗。他在力学理论上深受托名亚里士多德的《机械学》和阿基米德思想的影响。而且当时许多大型建筑项目的实施刺激了新技术的发展，并为它们广泛应用提供了机会。为解决用给定力提升给定重量的物体，希罗提出可以使用五种简单机械，它们是：轮轴、杠杆、滑轮、楔形和斜面，轮轴名列这五种简单机械之首。希罗详细地解释了如何用树木材料制作轴和带有手柄的轮，但他也没有定量地描述力和重量之间的比例，而是代之以

---

[1] Pseudo-Aristotle, *Mechanica* , Cambridge (Mass.) and London: Leob Classical Library, 1936, p.369.

[2] T. Chondros, The Development of Machine Design as a Science from Classical Times to Modern Era, H. Yan, M. Ceccarelli ed., *International Symposium on History of Machines and Mechanisms*,New York: Springer Dordrecht, 2009, pp. 59-68.

"越靠近支点，载荷就越容易移动"[①]等表述。通过比较，他认为轮轴与杠杆在省力或耗费时间的比例上具有相似性。[②]

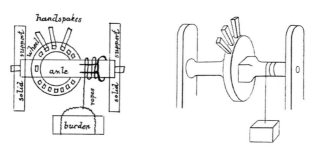

图 6-6　希罗《机械学》中的轮轴[③]

　　希罗对机械理论的发展体现在他提出了五种简单机械的许多种创造性组合，例如把轮轴与杠杆、轮轴与滑轮系统等结合到一起。他的书中如此设计了多种起重机和压力机，从而让单一的初始运动能够产生高度复杂和多样化的运动，例如通过把轮轴与杠杆组合，他可以得出一种减缓上升速度或延迟提升时间的效果。[④]他认为包括轮轴在内的五种简单机械都具有"超乎寻常"的效果，

---

①　Carra de Vaux, 1894, pp. 95-97.

②　Carra de Vaux, 1894, pp. 136-137.

③　M. Schiefsky, Theory and Practice in Heron's Mechanics, in W. R. Laird and S. Roux ed., *Mechanics and Natural Philosophy before the Scientific Revolution*, New York: Springer, 2007.

④　Carra de Vaux, 1894, pp. 128-131; A. Drachmann, *The Mechanical Technology of Greek and Roman Antiquity*, Copenhagen: Munksgaard, 1963, pp. 94-140.

超越了自然本身的力量，偏离了正常的自然过程，因此需要进行理论上的解释。[1] 这种倾向在古代文明中是很难得的。

希罗对简单机械的论述随着伊斯兰文化兴起后对古典时代著作进行的大规模翻译运动，而被传播到伊斯兰世界的广大地区，实际上他的《机械学》仅以 9 世纪的一种阿拉伯译本流传于世，直到 17 世纪才被从东方带回欧洲。伊斯兰学者不仅熟悉包括古希腊学者给出的包括轮轴在内的机械的功用和使用方法，还自己有所发展，即通过定量化，使古典时期的几种简单机械的功效更加明确。例如在托名伊本·西那所作的《知识准绳》(*Mi'yār al-'uqūl*，成书于约公元 11 世纪) 中，描述轴"用尽可能长的木头或铁制成，中心有四边形的轮毂，两边则呈圆形"，轴穿过一个轮子的中心，轮子边上有一个把手，轴的两端安设两根支柱作为支撑物，"当人们想通过这件装置，用已知的力提起已知重量时，轴和轮直径的比值必须近似于动力和重量之比"。

在这本书里还附有图示，用阿拉伯字母标出重量为 10 "曼"(相当于 30 千克) 的重物 K、位于横梁中部的长方体轴 AB、在轴一侧围绕它旋转的轮 O，图中标出轮子的直径为轴的 10 倍。在轮子周围有把手 T、L、M、N、S、F，轴下方通过绳子拉起重物。[2]

---

[1] M. Schiefsky, Theory and Practice in Heron's Mechanics, 2008, pp. 15-49.

[2] E. Kheirandish, Science and Mithāl: Demonstrations in Arabic and Persian Science Traditions, *Iranian Studies*, 41(2008), 4: 465-489.

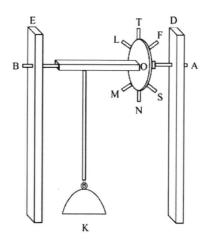

图 6-7 托名伊本·西那所作的《知识准绳》中的轮轴

中世纪欧洲对机械理论知识的了解主要是通过翻译伊斯兰手稿而零星取得的。不过到 15 世纪文艺复兴时期，欧洲人对机械的兴趣又浓厚起来，包括弗朗西斯科·迪·乔尔吉奥（Francesco di Giorgio Martini）、莱奥纳多·达·芬奇等艺术家，都尝试过重新对轮轴等机械展开探索，并绘制出精美的插图，把学习机械技术嵌入到视觉形象，而不是书面讨论之中，从而标示出当时所存在的文化转型的倾向。[①] 这时希罗的《机械学》还没有回流欧洲，人们主要通过中世纪常见的磨坊来入手讨论。

---

① P. Long, Picturing the Machine: Francesco di Giorgio and Leonardo da Vinci in the 1490s, in W. Lefèvre ed., *Picturing Machines, 1400-1700*, pp.117-142.

　　文艺复兴时代的科学家热衷于回归古典，他们用新颖的严格定量的方法来恢复阿基米德的传统，并反对刻板而模糊的亚里士多德式概念。包括简单机械在内的力学内容，被作为静力学的一部分，得到精密研究。其中意大利数学家、哲学家和天文学家圭多巴尔多·德尔·蒙蒂（Guidobaldo del Monte）于 1577 年所作的《机械学》（*Mechanicorum Liber*），是最早对五种简单机械进行严格研究的著作。[①] 这一代学者（还包括佛莱芒数学家和工程师西蒙·斯蒂文〔Simon Stevin〕等），是继塔塔利亚和卡丹之后，对学界已有传统所持的"位置重量"（positional heaviness）观念继续提出质疑，并开启伽利略自由落体学说的中间人，机械在他们的理论发展历程中扮演着不可忽视的作用。[②]

　　成书于战国晚期的《墨经》中有物理学方面的内容二十余条，

① M. Ceccarelli, Mechanism Classifications over the Time: An Illustration Survey, in Special Celebratory Symposium in Honor of Bernie Roth's 70th Birthday, 2018-5-19. https://synthetica.eng.uci.edu/BernieRothCD/Papers/Ceccarelli.pdf [2018-10-26].

② T. Koetsier, Simon Stevin and the Rise of Archimedean Mechanics in the Renaissance, in S. Paipetis and M. Ceccarelli ed., *The Genius of Archimedes - 23 Centuries of Influence on Mathematics, Science and Engineering*, New York: Springer, Dordrecht, 2010, pp. 85-111; J. Renn and P. Damerow, *The Equilibrium Controversy: Guidobaldo del Monte's Critical Notes on the Mechanics of Jordanus and Benedetti and their Historical and Conceptual Background*, Berlin: Edition Open Access, 2012, pp. 86-136.

其中包含一些力学方面的定义。如书中把力定义为"形之所以奋"，即力是让物体开始运动的原因，又提到"衡加重于其一旁必捶。权、重，相若也相衡，则本短标长，两加焉，重相若，则标必下"，也就是朴素地提出了杠杆原理。对于属于一种特殊杠杆的轮轴，《墨经》中没有特别提到，只是提到了滑轮和斜面："挈与收板"，在作为解说的"经说"中，则说"挈，有力也；引，无力也……长重者下，短轻者上。上者愈得，下者愈亡。绳下直，权重相若则正矣……收，上者愈丧，下者愈得。"①这非常详细地描述了用绳索通过滑轮提升重物的过程中，施力与重物重量之间的关系。《墨经》的作者具有相当程度的抽象总结能力，是我国古代这一方面发展的一个高峰，遗憾的是汉代墨家衰亡之后，《墨经》的传统并没有传承下来。后世学者的一些论述流于经验观察，而疏于抽象总结。

中国古代学者对轮轴的认识往往与对滑轮的认识结合起来，兼为这两种省力机械的辘轳很受关注。辘轳是一种"缠绠械"。在井上立架置轴，贯以长毂。唐代刘禹锡在《机汲记》中记载了"锻铁为器，外廉如鼎耳，内键如乐鼓，牝牡相函，转于两端，走于索上，且受汲具"，②之后把打水用的器具向下垂落，灌满水后用"圆轴"，也就是辘轳向上牵拉，可见在古人眼中，轮轴被寓

① 谭戒甫，《墨经分类译注》，中华书局，1981年，第55页。
② 刘禹锡，第110页。

于滑轮之中，但他们对轮轴本身缺乏关注。元代王祯《农书》中
描述双辘轳为"或用双绠而逆顺交转所悬之器，虚者下，盈者上，
更相上下，次第不辍，见功甚速"，^①这里的双辘轳指的是动滑轮
（"虚者"）与静滑轮（"盈者"）构成的滑轮组，王祯虽然描述了
这种装置，但并没有明确指出它的功用。对此，明末清初学者方
以智在《物理小识》里说："凡引重用一辘轳省力一倍，以筒筒圆
木，入滑汁其中，以绳卷筒上，其力更省"。^②作者不仅看到滑轮
组中动滑轮的省力作用，还指出在轴里添加润滑剂能够更加省力，
但方以智没有显示出他本人对轮轴所蕴含的机械优势有所了解。

事实上，轮轴在中国古代早有运用的记载，这就是用较小
轴拉动较大轮盘转动的绞车。例如东晋永和三年（347），石季龙
为获得财物，令人盗取邯郸的战国赵简王墓，因墓穴内水深，曾
作"绞车以牛皮囊汲之"。曾公亮《武经总要》中记绞车"合大木
为床，前建二叉手柱。上为绞车，下施四轮，皆极壮大，力可挽
二千斤"。除了能够在路面上行走的绞车（实为滑轮）外，曾公
亮还"以轴绞张"他的强弓劲弩，这里所用的很可能是轮轴装置。
在辘轳的基础上，古人还曾把一根圆柱削成同轴而不同径的两部
分，在这两部分绕以绳索，绳下加一滑轮，转动圆柱的轴就可以
把重物吊起。这种装置又称为较差式绞车，它在转动中也悄然运

① 王祯，《农书译注》，齐鲁书社，2009 年，第 650—651 页。
② 方以智，《物理小识》卷八《器用类》。

用了轮轴的原理。[①] 可惜的是，在曾公亮的书中并没有记录这些绞
车制作和使用时的相关数据，更没有根据数据提炼出抽象的轮轴
规律。

第二节　古代丝绸之路上的计算机

　　计算机并不仅仅存在于今天（我们日常接触到的是电子计算
机）。实际上，输入一个类似于数值的状态，通过某些代替人脑的
机械结构输出经过计算后的一个结果，这样的机械装置已经拥有
超过两千年历史，而且它们在古代欧亚非世界并不罕见，甚至通
过人们之间的交往传播到相当广大的地区。

　　计算机可以划分为模拟计算机和数字计算机。模拟计算机是
一种用连续变量来模拟要运算解决的问题的计算机，最终显示的
结果可以采用各种方式，如电子、机械、液压等各类物理现象。
它与象征性地表示不同离散数量的数字计算机构成区别，数字计
算机能够针对输入的具体数字或状态给出明确的结果。在历史上
这两种计算机都拥有众多实例。以下我们分别以古代丝绸之路上
带有计算机性质的创造发明为径，两种计算机的功能实现为纬，
来分别进行概述。

[①] 戴念祖，《中国力学史》，河北教育出版社，1988年，第211—212页。

一、指南车与记里鼓车

人类从史前时期就发展出诸多计算工具，如绳结、刻画等。但这些计算工具要实现功能，靠的是人脑，而没有仅以简单的动力或自然规律作为驱动，借助机械或成形的表格来获得结果。后者是在人们对自然界已经拥有一定认识，或对机械装置有比较高的设计、制造和使用技巧后才出现的。

如果以传说中的年代排序的话，中国的指南车可称得上最早的模拟计算机。晋代崔豹（活动于西晋惠帝时期）《古今注》卷上《舆服一》记载黄帝与蚩尤作战时，"蚩尤作大雾，兵士皆迷，于是作指南车，以示四方……后常建焉"，又说周公赐给找不到返回之路的越裳氏使者"軿车五乘，皆为司南之制，使越裳氏载之以南，缘扶南林、邑海际，期年而至其国，使大夫宴将送至国而还，亦乘司南而背其所指，亦期年而还至"。在已经相隔上千年的晋代人眼中，黄帝始创指南车，这项技艺到周公仍成体系保存。这部书又叙述了周公之后指南车的传承情况，即周公"以属巾车氏收而载之，常为先导，示服远人而正四方"。制作车辆的方法收录在《尚书故事》（此书已亡佚）中，到汉末丧乱之时，制作方法失传。此时有一位马先生，将其复原，崔豹所看到的指南车，用的是马先生之法。[1] 周公制作指南车的故事也见载于《尚书大传》、《太平

---

[1] 王根林校点，《古今注》，见《汉魏六朝笔记小说大观》，上海古籍出版社，1999年，第231页。

御览》所引《鬼谷子》等书，不过在《太平御览》中，需要指南车的使者所自从汉晋典籍中位于交趾以南的"越裳"国转变成位于中原东北方的"肃慎氏"，[①] 因此这里的指南车，实当改名为"指北车"。在《西京杂记》、《晋书·舆服志》等记载中，天子大驾出行以"司南车"为先导，该车"驾四马，其下制如楼，三级，四角金龙衔羽葆，刻木为仙人，衣羽衣，立车上，车虽回运而手常南指"，[②] 这里的司南车，有可能是根据周公以来传承的指南车的功能仿制的。

　　崔豹提到的马先生，指的是三国魏明帝时期的著名工程师马钧。他家境贫寒，但在传动机械方面造诣很深，被认为与古代公输般、墨翟、王尔、汉代张衡并称的巧匠。他改进过当时的织机、诸葛弩等，发明过用于汲水的翻车（即龙骨水车）、发石车（即转轮式发石机），复原过指南车，改进过水转百戏等。指南车的发明源于一场争论，高堂隆、秦朗这两名受器重宠信的近臣认为古代指南车只是传说，但马钧认为指南车并非虚言，他没有被两名大臣的嘲讽所阻挠，而是采用"虚争空言，不如试之易效"[③] 的实证态度。在明帝的诏许下，马钧成功复原了指南车。可惜的是在当时崇尚玄谈的环境里，马钧和东汉张衡一样，没有被授予主管工

---

① 李昉等，《太平御览》卷七七五，中华书局，1960 年，第 3435 页。

② 葛洪，《西京杂记》卷五，中华书局，1985 年，第 33 页；房玄龄等，《晋书》卷二五，中华书局，1974 年，第 755 页。

③ 陈寿，1971 年，第 807 页。

程的官职，导致他创造的社会效益与他的工巧之名并不相符。他的指南车在西晋末年动乱中再次遗失。

在马钧之后，历朝又有不少复原指南车的尝试。例如东晋安帝义熙十三年（417），刘裕北伐进兵长安，后秦姚兴使令狐生制造指南车。这辆指南车被刘裕攻克长安后带回，"其制如鼓车，设木人于车上，举手指南，车虽回转，所指不移"。[①]之后北朝的郭善明和马岳曾分别尝试复原这种机械，但都没有成功，从北朝入南朝的索驭𬴊制作的指南车则"颇有差僻，乃毁焚之"。被带回南朝的指南车后来被记载为"有外形而无机巧"，出行时只能采用使人于内转之的作弊手段。南朝宋升明（477—479）年间，执政的萧道成令数学家、工程师祖冲之依照古法成功复原指南车，"冲之改造铜机，圆转不穷，而司方如一，马钧以来未有也"。[②]

指南车仅被用于帝王出行的仪仗，由于它制作起来需要较高的技术水平，这或许导致它屡建屡废。直到北宋指南车内部的机械装置详细信息在《宋史》中保存下来，[③]根据其中齿轮的规格，现代人可以精确地复制出当时的指南车。宋代的工程师仍在进行指南车制作和改进的探索，如宋真宗时期的燕肃于1027年造指南车，车上立一木人，伸臂指南，能自动离合。宋徽宗大观元年

---

① 沈约，《宋书》卷一八，中华书局，1974年，第496页。
② 萧子显，《南齐书》卷五二，中华书局，1972年，第905页。
③ 脱脱等，1977年，第3491—3493页。

（1107），吴德仁改良了燕肃指南车，但之后又失传了。

图6-8 阿联酋迪拜伊本・白图泰购物中心摆放的指南车模型 ①

　　在计算方面，指南车体现的是无论输入什么方向，输出的结果都是同一个。这样的运算过程是借助差动齿轮装置实现的。差动齿轮装置又称"差速器"，是一种齿轮组件，现在被广泛用于汽车制造。指南车的差动齿轮由三个轴组成，其中两个轴各自连接到两个车轮，第三个轴中央垂直连接用于指向的木人，齿则在两侧与连接车轮的齿轮咬合。当车辆沿着直线前进时，两侧车轮

---

① 来源：wikimedia commons.

速度相同，这时连接它们的齿轮受到相同的推力并把它传导到中央齿轮，中央齿轮受力平衡保持静止。当车辆转弯时，绕转弯曲线外侧的车轮会比内侧的车轮转得更快，它们带来的各自齿轮转速之差会传导到中央齿轮，让中央齿轮以车轮速度之差沿反方向旋转，由此补偿了车辆的转动。[1] 由于在转动时指南车会出现累积误差和不确定性，因此理论上在开始行驶时需要手动校准。

指南车曾东传到日本，《日本书记》记载齐明天皇四年（658）曾制作过指南车，天智天皇五年（666），僧人智由又献上指南车。[2]

除指南车外，古代还有一种可以把轮子所转圈数不断累加，当加到一定圈数（相当于一定里程）就发出信号，记录所走距离的记里鼓车。崔豹在《古今注》中记载，记里鼓车又名大章车，"起于西京"，车上为二层，都有木人，"行一里，下层击鼓；行十里，上层击镯"。[3] 刘裕讨伐后秦，从长安也带回记里鼓车。[4]《晋书》中记载在天子出巡的仪仗中，记里鼓车位于指南车之后，其规格形制与指南车相似，其制度一直沿袭到唐宋，只是拉车用牛

---

① 李约瑟，《中国科学技术史》第四卷第二分册《机械工程》，科学出版社，1999 年，第 298 页。
② 舍人亲王等，《日本书纪》卷二六，http://www.seisaku.bz/nihonshoki/shoki_26.html [2018-10-26].
③ 王根林校点，1999 年，第 231 页。
④ 沈约，1974 年，第 496 页。

或用马、仪仗队人数等有所加减。①

《宋史》记载了仁宗天圣五年（1027）内侍卢道隆所奏的记里鼓车的详细构造，说记里鼓车的车轮（足轮），直径各 6 尺，周长18 尺。马匹拉记里鼓车行进时，带动车轮转动，车轮的转动用一套互相咬合的齿轮传给敲鼓木人。左车轮内侧有一个垂直放置的齿轮，直径 1.38 尺，周长 4.14 尺，有 18 个齿，齿距 0.23 尺。车下安装一个水平传动齿轮，和母齿轮咬合，传动齿轮直径 4.14 尺，周长 12.42 尺，有 54 齿，齿距与立轮相同，为 0.23 尺。传动轮中心的传动轴，穿入记里鼓车的第一层。在传动轴的上端安装一个铜旋风轮，有 3 齿，齿距 1.2 寸。和旋风轮咬合的，是一个直径 4尺，周长 12 尺的水平轮，有 100 齿，齿距与旋风轮相同。水平轮转轴上端安装一个小平轮，直径 3.33 寸，周长 1 尺，有 10 齿，齿距 1 寸。与小平轮咬合的，是一个直径 3.33 尺的大平轮，圆周 10尺，有 100 齿，齿距 1 寸。整个记里鼓车包括车轮在内共八轮，其中 6 个齿轮，构成一套百分之一和千分之一的减速齿轮系。② 从文字来看，记里鼓车所用圆周率为 3，比较粗略，在短暂使用时或许还可以勉强记数，但应不能长途使用。

由于记里鼓车的构造记载比较清晰，现代学者很早就关注并复原此车。1925 年张荫麟就撰文解释宋代卢道隆和吴德仁等人制

---

① 房玄龄等，1974 年，第 755 页。

② 脱脱等，1977 年，第 3493—3494 页。

作记里鼓车的方法。1937年王振铎则尝试复原记里鼓车，他的复原模型现藏于中国国家博物馆。[①]

能够记录里程信息的车辆在西方也很早就出现。间接的证据来自公元前326年到公元前323年的亚历山大大帝远征。在亚历山大麾下有一些专司以步长测距离的专家（Bematist），其中两名专家迪奥戈涅图斯（Diognetus）和贝顿（Baeton）所测得的经历路线的距离，在古罗马作家普林尼的《自然史》和古希腊作家斯特拉波（Strabo）《地理学》中有所记载。[②]这些数据体现出高度的精确性，绝大多数情况下误差都在5%以内，有一些距离，如从大呼罗珊的城市赫卡通皮洛斯（Hecatompylos）到阿里安的亚历山大里亚（Alexandria Areion），与现代实际值仅有0.4%的差异。有学者推测，这么高的精确度或许是来自于机械的力量，这种机械有可能是记里车，又称里程计。[③]不过笔者认为，当时记里鼓车在基本参数（如圆周率）和机械组装方面还存在缺陷，应当还不足以

---

① 张荫麟，《宋卢道隆吴德仁记里鼓车之造法》，《清华学报》1925年第2期，第635—642页；王振铎，《指南车记里鼓车之考证及模制》，《史学集刊》1937年第3期，第1—49页。

② Pliny the Elder, *The Natural History*, 6.21 http://www.perseus.tufts.edu/hopper/text?doc=Perseus:text:1999.02.0137:book=6:chapter=21&highlight=diognetus [2018-10-26]; Strabo, *The Geography*, 11.8.9. http://penelope.uchicago.edu/Thayer/E/Roman/Texts/Strabo/11H*.html [2018-10-26].

③ D. Engels, *Alexander the Great and the Logistics of the Macedonian Army*, Los Angles: University of California Press, 1978, pp. 26, 216.

承担长距离实地测量的任务。这些高精确度的距离数值更可能来自计步专家高度专业化的职业技能。

图 6-9　希罗设计的指南车复原模型 [1]

真正的记录里程的机械装置来自古罗马工程师维特鲁威，他记录了很可能由阿基米德在第一次布匿战争期间发明的记里车。这种车辆的车轮直径为 1.2 米，每转动 400 圈，就相当于 1 罗马里（约 1400 米），车轮每转 1 周，车轴就带动一个有 400 齿的齿轮转动 1 格，这样测量距离就和记录车轮转数联系起来。[2] 公元 1 世纪的工程师亚历山大里亚的希罗在他的《窥管》（*Dioptra*）的第 34 章，描述了一种类似的机械装置。从轮子到最上方的指示圆盘，共使用 5 个齿轮，放大比例达到 216000，即如果轮子直径

---

① 来源：wikimedia commons.

② 维特鲁威，2012 年，第 170 页；A. Sleeswyk, Vitruvius' Odometer, *Scientific American*, 252(1981), 4: 188-200.

图 6-10　根据达·芬奇《大西洋古抄本》中的设计图复原的记
里鼓车（意大利米兰国家达·芬奇科学技术博物馆藏）[1]

为 1.6 米，最后一个圆盘完整旋转一周即表示车辆行进了 1080 千
米。此外，希罗还设计过测量航海里程的机械装置。[2] 罗马皇帝
Commodus 在公元 192 年也使用过记里车。[3] 此后在西方，要一直
等到达·芬奇时代，记里车才再次出现。

二、静态天文钟：从安提基西拉装置到星盘

如果说指南车和记里鼓车的发明由于对黄帝和周公的记载尚

[1] http://www.museoscienza.org/english/leonardo/modello_dettaglio.asp?id_
macchina=54.

[2] J. Coulton, The Dioptra of Hero of Alexandria, in C. Tuplin and T. Rihll, ed.,
Science and Mathematics in Ancient Greek Culture, Oxford: Oxford University
Press, 2002, pp. 150-164.

[3] 李约瑟，1999 年，第 285 页。

存疑问而难以确定的话，希腊化时代的安提基西拉（Antikythera）装置则向现代人展现了古希腊人以齿轮系统为基础制作模拟计算机的惊人成就。

图 6–11　安提基西拉装置的复原图和主要碎片 [1]

安提基西拉装置是 1902 年从一艘在安提基西拉岛（位于克里特岛和伯罗奔尼撒半岛之间）附近海域发现的沉船上找到的。[2] 之后经过不断打捞，现在共有 82 枚碎片，其中四件较大的碎片上面

---

[1] 来源：wikimedia commons.

[2] A. Jones, *A Portable Cosmos: Revealing the Antikythera Mechanism, Scientific Wonder of the Ancient World*, Oxford: Oxford University Press, 2017, pp.10-11.

包含齿轮，其余不少碎片则带有铭文。对这件装置的研究见证了现代科技考古对分层扫描技术运用水准的不断提高，目前学者们已经基本分清了它的内部结构，并读取了机器外壳上的模糊铭文，获得了对这件装置的基本情况和功能的全面了解。

通过齿轮设置和铭文，有学者推测该装置制造于公元前 87 年。[①] 不过仪器上显示的天文学周期的起始时间则是公元前 205 年 4 月 28 日。[②] 与安提基西拉装置一同从海上打捞起来的，有带有罗德岛风格的花瓶，当时这个岛屿既是繁忙的贸易港口，也是天文学家喜帕恰斯（Hipparchus）的居住地。这件仪器使用了喜帕恰斯的月球运动理论，表明可能受到他本人或其学派的影响。有学者推测这件仪器原产于罗德岛，被希腊西北部伊庇鲁斯（Epirus）客户订制后，根据其需求有所修改，但在运输过程中沉入海底。[③]

安提基西拉装置的功能是用侧方手柄的驱动输入阳历 365 天内任一日期后（指针每走过一圈表示时间经过 1 年），通过装置

① D. Price, Gears from the Greeks: The Antikythera Mechanism: A Calendar Computer from ca. 80 B. C., *Transactions of the American Philosophical Society*, 64(1974), 7: 1-70.

② C. Carman and J. Evans, On the Epoch of the Antikythera Mechanism and Its Eclipse Predictor, *Archive for History of Exact Sciences*, 68(2014),6: 693-774.

③ P. Iversen, The Calendar on the Antikythera Mechanism and the Corinthian Family of Calendars, *Hesperia*, 86 (2017): 129-203.

木盒内部隐藏的齿轮结构，可以带动在前方和后方三个表盘上的各个指针，来显示出该日期对应的月亮位置和月相，指示出给定回归年日期对应的阴历日期（依照 19 年 7 闰的默冬周期和相当于 4 倍默冬周期的卡里皮克周期），指示日月食时间（依照日月食时间重复的沙罗周期，及使该周期凑成整数日的 3 倍沙罗周期，即转轮周期），指示古代奥林匹克等运动会的年份，指示特定恒星等天体的起落时间，以及可能指示当时已知的五颗行星位置等。[①]

这件装置把古代地中海世界经数百年积累的天文学知识，以及根据这些知识生发出的众此多功能集于一身，体现了订购者和制作者在技术上的高度追求。研究该机械的早期代表性学者普赖斯（Derek John de Solla Price）按照"人类知识成指数增长"的观点，提出"如果以安提基西拉机械显示出的步伐走下去的话，人类历史将提前一千年迎来科技革命"。[②]

与该机械年代相近的西塞罗（Marcus Tullius Cicero）在《论共和国》（*De republica*）中，提到过被现代学者认为是某种天象仪或太阳系仪的两件装置，说它们可以预测太阳、月亮和五行星的运动。第一件装置是由阿基米德制作，并由在围困叙拉古后其麾下士兵杀死阿基米德的罗马将军马塞勒斯于公元前 212 年带回罗

① A. Jones, 2017,pp.47-200.
② D. Price, An Ancient Greek Computer, *Scientific American*, 200(1959),6: 60-67.

马的。[①]亚历山大里亚的帕普斯说阿基米德曾写过关于这些仪器的著作，题为《论天球仪的制作》，遗憾的是这部书已经佚失了，但如果把现存亚历山大里亚图书馆里的相关图纸中的齿轮形状略作修改，就可以获得一个能够实际使用的里程表的模型。[②]阿基米德的装置还被罗马时代其他一些作家所引述，可以推测，早在公元前 3 世纪，阿基米德就提出过类似安提基西拉装置的模型。而西塞罗还提到他的朋友帕奥西多尼乌斯（Poseidonios）制作过类似仪器，那么在将近 200 年的时间里，制作这类太阳系仪的科学基础始终存在于地中海东部北侧沿岸地带。

在体积不大的盒子里，承载着组成安提基西拉机械整体的数十个齿轮。这些齿轮本身体积就不大，考虑到每个齿轮边缘上的齿孔都有几十个甚至上百个，这些齿轮又通过精密部件连接到一起，表现出相当高超的零件加工工艺。如前所述，安提基西拉装置在当时并非绝无仅有的，而是罗德岛这样的科学中心的一种特殊产出，那么当时精密部件的加工，或许已经具有一定规模，能够通过客户订购来支撑和传承技艺。

安提基西拉装置所依赖的，是位于罗德岛的天文学学术中心。当时地中海世界影响最大的学术中心当属埃及亚历山大里亚城，

---

① Ciceronis, *De Re Pvblica*, https://web.archive.org/web/20070322054142;/ http://www.thelatinlibrary.com/cicero/repub1.shtml#21 [2018-10-26].

② A. Sleeswyk, Vitruvius' Wywiser, *Archives Internationales d'histoire des Sciences*,29(1979): 11-22.

在这里同样拥有悠久的制作自动机器的传统。[①] 如果我们苛责古人的创造能力，那么伟大的安提基西拉装置的美中不足在于，它的动力完全依赖于人摇动手柄，缺乏可持续的自动性质，我们可以想象，假如把一台水轮连接到这台机械上，会有何种壮观的效果。它比天文钟提前 1500 年发明，差的仅仅是与拜占庭的菲隆、亚历山大里亚的希罗这样的希腊化工程师所经常借助的热力学、水轮等自动机械的结合。我们在上一节提到过的亚历山大里亚的希罗，在他的《气动力学》（*Pneumatics*）等著作中，描述了包括自动售货机、自动门等许多自动装置的制作方法。[②] 其中有一种通过相连接的下坠重物拉动的小马车，马车上的剧场能够在重物驱动下表演相当长时间的节目。剧场人物活动的次序，可以用两个独立轴上的绳子的缠绕方式来进行编辑。改变绳子的缠绕方式，马车上的人物就可以改变方向并按所设计的路线移动。这实际上是一种编程设计，绳索、绳结等，与早期输入计算机的打孔卡片在本质上是一样的。通过原始的程序设计，希罗的小车可以创造出长度接近 10 分钟的节目，还可以发出一些舞台效果声音。[③]

---

① K. La Grandeur,Robots, Moving Statues, and Automata in Ancient Tales and History, in C. Colatrella ed., *Critical Insights: Technology and Humanity*, New York: Salem Press, 2012, pp. 99-111.

② Hero of Alexandria, *The Pneumatics of Hero of Alexandria*, London: Taylor Walton and Mayberly, 1851.

③ A. Drachmann, 1963, p. 12.

　　可见，天文仪器与自动装置的制造者之间，仍然存在长时期的分工。从另一种模拟计算机——星盘的制作上，我们可以发现这种分野在古典时代之后的上千年间或许一直存在着，虽然一些工程师同时也致力于解决天文观测问题，但把两种发明融为一体，确实一直没有出现。

　　星盘是一种用于识别恒星或行星、在已知当地时间的情况下确定当地纬度（或者反过来，已知当地纬度的情况下计算当地时间）或进行三角测量的仪器。星盘的基本结构是一个能够指示天体高度的照准仪，它可以在陆地上或平静的海面上，由水手在甲

图 6-12　中世纪波斯星盘 [1]

---

① 来源：wikimedia commons.

板上利用三点一线原理来观测恒星，确定方位，在它的基础上，人们改进出航海星盘来适应波涛汹涌的大海。不过我们通常看到的星盘，是由一个用于固定其他主要部件的主体圆盘（称为"母盘"）、一个或多个反映不同纬度地区投影线圈的较小圆盘（称为"气候盘"）构成。母盘后方是一根可以是旋转的直尺，即照准仪，其上方有可以确定星体高度的窥孔。气候盘上方有被雕镂成网状的"网盘"，网盘可以转动，上面用小指针标记各星体的位置。所有部件在母盘中央用铆钉固定，上面设置提手。

使用星盘时，观测者先转动照准仪，直到能够从窥孔中看到一颗恒星，这时就可以读出直尺末端指示的这颗恒星的高度角。然后操作者转动网盘，让网盘上的这颗恒星对准（观测者所在纬度的这张气候盘上）与高度角相对应的地平纬圈。这时就可以在网盘上"太阳"的位置读出当时的时间。

星盘最早源于古希腊，它现在的名称 astrolabe 可以追溯到古希腊语词 ἀστρολάβος（*astrolabos*），意为"捕捉天体"。把三维天球上的星体投射到圆盘，并划出小时线，需要较高的射影几何变换技巧。有学者认为古希腊数学家阿波罗尼乌斯或喜帕恰斯完成了这项工作，从而发明了形式比较简单的星盘。历史上首次对星盘进行精确描述，是在托勒密的著作《平球论》（*Planisphaerium*，大约公元 150 年）中，他制作的星盘已经包括比较全面的刻线，通过转动网盘解决计算星体高度的问题。随后几百年间，诸如亚历山大里亚的席恩（Theon of Alexandria）、约翰·费罗普诺斯（John Philoponus）以及叙利亚人塞维鲁·塞伯赫特（Severus Sebokht）等人都写作过关于星盘的早期文献。[1]

进入中世纪之后，对模拟计算机的探索重心逐渐从地中海东部沿岸，转移到包括伊斯兰世界在内的东方。中世纪伊斯兰科学家完全吸收并发展了古希腊学者的成果，[2] 把星盘无论是在解决天文学问题或社会文化其他方面的应用，还是在制作技艺等各个方面都推向极致。伊斯兰学者对星盘非常重视，公元 843 年，巴格达的天文学家和数学家花剌子米（Al-Khwarizmi）声称他的星盘可以解决 43 种问题，一个世纪之后，这个数字在波斯人苏菲（Al-Sufi）那里增加到 1000 种。[3]

我们可以从五个视角来对中世纪伊斯兰星盘进行考察：数值表格的制作、不规则网盘的运用、确定祈祷时间、不同气候盘的划分，以及三种新形式星盘的诞生。[4]

9 世纪的天文学家巴格达的法尔甘尼（Al-Farghānī），就完成了星盘表格，其中包含针对地面上任何纬度，在星盘上需要刻画

---

[1] O. Neugebauer, The Early History of the Astrolabe, *ISIS*, 40(1949): 240-256.

[2] N. Sidoli and J. Berggren, The Arabic Version of Ptolemy's Planisphere or Flattening the Surface of the Sphere: Text, Translation, Commentary, *SCIAMVS*, 8(2007): 37-139.

[3] I. Hafez, *Abd al-Rahman al-Sufi and His Book of the Fixed Stars: A Journey of Re-discovery*, PhD thesis, James, Cook University, 2010, p. 283.

[4] D. King, *Islamic Astronomical Instruments*, London: Variorum, 1987.

出来的各个纬度和经度对应的辐射状网格，以及各个纬度圈中心
之间的距离。这些表格共囊括超过 13000 条数据，被后世伊斯兰
天文学家广泛应用于制作不同纬度的星盘所需的几何投影。[①] 伊斯
兰天文学家还制作了许多种类的不规则网盘，来模拟太阳在黄道
上的运动轨迹。

　　伊斯兰世界对星盘有非常实际的需求，那就是确定每日 5 次
的祈祷时间和方向（必须朝向圣城麦加的方向），这被称为 *qiblas*，
这也是伊斯兰天文学重要的实践领域。到 13 世纪，针对每个主要
城市与麦加之间方位关系的星盘都被发展出来。同时，由于伊斯
兰地理学传统上把地球上有人居住的世界划分为若干气候带，[②] 每
个气候带都以单独圆盘的形式叠加到星盘当中。

　　除了平面星盘外，伊斯兰世界还发展出几种其他形式的星盘：
线形星盘、通用星盘、齿轮星盘。其中 12 世纪波斯数学家谢拉夫
丁·图西发明的线形星盘（又称"图西杖"），把给定纬度的子午
线信息进一步浓缩到一根刻度尺上，人们可以用连接在上面的铅
垂线、双弦和带孔指针，来实现平面星盘的各项功能。[③] 通用星

---

① Al-Farghānī and R. Lorch, *Al-Farghānī on the Astrolabe*, Wiesbaden: Steiner, 2005.

② 马苏第，《黄金草原》，耿昇译，中国藏学出版社，2013 年，第 91—100 页。

③ J. O'Connor and E. Robertson, Sharaf al-Din al-Muzaffar al-Tusi, *MacTutor History of Mathematics Archive*, University of St Andrews. http://www-history. mcs.st-and.ac.uk/Biographies/Al-Tusi_Sharaf.html [2018-10-26].

盘则先后被 9 世纪巴格达的哈巴什、11 世纪托莱多的哈夫拉，以及 14 世纪叙利亚的学者们多次发明，他们设计出一种特殊的通用（*shakkaziya*）圆盘，尽管具有在同一张圆盘上测得任意纬度的星体升降的强大功能，但流传不广。一些学者把这种星盘上的网盘简化成带有可移动游标的照准仪。[①] 齿轮星盘则用机械装置来模拟太阳和月亮的移动，据说它是由波斯百科全书式学者比鲁尼（973—1048）发明的。[②]

星盘在 11 世纪开始向欧洲回流，许多有代表性的伊斯兰星盘在欧洲被仿制。这种有趣的几何和天文仪器吸引了许多早期文艺复兴学者的兴趣，英国文豪乔叟（Geoffrey Chaucer）就是第一部英文星盘著作的作者。[③] 13 世纪末，葡萄牙航海者在星盘的基础上，发展出适用于航海、主要利用照准仪来测量天体角度的简化星盘。[④] 14 世纪，欧洲开始出现机械天文钟，许多天文钟仍然沿用伊斯兰星盘的形式，如 1330 年建造的瓦林福德的理查德

① D. King, On the Early History of the Universal Astrolabe in Islamic Astronomy, and the Origin of the Term Shakkaziya in Medieval Scientific Arabic, *Journal for the History of Arabic Science Aleppo*, 3(1979): 244-257.

② J. Field and M. Wright, Gears from the Byzantines: A Portable Sundial with Calendrical Gearing, *Annals of Science*, 42(1985): 87-138.

③ G. Chaucer, *A Treatise on the Astrolabe*, London: Chaucer Society, 1880.

④ P. Kemp, ed., *The Oxford Companion to Ships and the Sea*, Oxford: Oxford University Press, 1976, pp. 43-44.

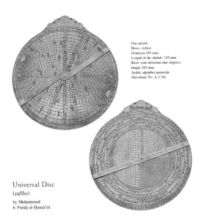

图 6-13 通用星盘（13 世纪塞维利亚的穆罕默德·甫吐赫·哈迈里制作）^①

（Richard of Wallingford）钟，就展示有固定网盘后可旋转的星图。^②
由于伊斯兰世界与印度的密切关系，星盘在 12 世纪之后传入印度。
直到 17 世纪，它一直是印度天文观测使用的一种重要仪器。^③

在中世纪伊斯兰世界，人们必须经过专门学习获得认证后，
才能成为受认可的星盘制作者。许多统治者委托工匠制作各式精
美的星盘，很多星盘从观测角度来说没有创新，却是展现丰富伊

---

① 来源：F. Sezgin, *Science and Technology in Islam, vol.2*, Frankfurt: Institut fuer
Geschichte der Arabisch-Islamischen Wissenschaften, 2010, p. 117.

② J. North, *God's Clockmaker: Richard of Wallingford and the Invention of Time*,
Continuum International Publishing Group, 2005, p.208.

③ S. Sarma, Indian Astronomical and Time-measuring Instruments: a Catalogue
in Preparation, *Indian Journal of History of Science*, 29(1994), 4: 507-528.

斯兰元素的巧妙艺术品，成为宝贵的文化遗产。

三、让天文钟动起来：东方机械创新的黄金时代

如前文所说，无论是安提基西拉机械还是星盘，都缺乏与之相配的动力装置。这使得它们只能静态、被动地应用。星盘在中国并没有广泛传播，一方面是由于古代中国具有悠久的天文仪器制作传统，另一方面，中国古代较早把前述两种功能合为一体，发明了一种机械式模拟计算机，也就是带有擒纵装置的水钟，这类性能更优越的仪器，也起到阻碍星盘传入的一定作用。

人们很早就开始使用水钟，早期水钟的形式主要是漏壶，也就是利用水的重力和浮力来表现时间流逝的累积，为让水钟变得精确化，人们曾以分级漏壶、秤漏等形式对其进行改进。[①] 不过，水流本身会因为漏壶内水压的变化出现不均匀现象，从而在根本上影响漏壶的精确度，沙漏等类似的其他计时工具，也存在相同问题。

把流水从测量所需的量本身，转化为驱动机械钟的动力，可以称得上计时工具史上的一次突破。汉代张衡曾用水轮的规律转动使显示天体的浑象每天有规律地回转一周，继而带动十五个蓂荚的起落来指示全月的日数。由于张衡的水运浑象只在史书中留

----

① 陈美东，《我国古代漏壶的理论与技术——沈括的〈浮漏议〉及其它》,《自然科学史研究》1982 年第 1 期，第 21—33 页。

下了一些的记载，并没有保留下任何关于其建造的信息，有学者推测张衡可能使用了具有减速功能的凸轮齿轮系。①

到唐玄宗开元十三年（725），一行和梁令瓒受诏主持修建水力浑天铜仪，在张衡浑象的基础上取得新的进展。首先，它在计时方面加上了每一刻自动敲响的击鼓，和每一时辰自动撞响的撞钟。这种把其他器具（即"记里鼓车"）的演示功能集成进来的想法暗合于东亚以外的仪器制作传统。其次，它在表示星空运行的浑象外，又加上日环和月环，规律地表示太阳、月亮的运转。为实现功能，一行和梁令瓒可能在前人基础上，又添加了由一个原动轮的回转运动，传达到两个或多个从动轮，以得到彼此不同速度不同方向的运动等齿轮功能。② 遗憾的是，不久之后这台仪器"铜铁渐涩，不能自转，遂藏于集贤院"。③

自动机械化天文演示装置在中国的发展，到北宋时期水运仪象台的制作达到一个巅峰。1086 年，苏颂、韩公廉、王允之等人在宋哲宗诏令下，结合张衡、张思训等"仪器法式大纲"的基础，将浑仪、浑象和报时装置结合起来。1088 年开始动工，四年后宣

---

① Yong Sam Lee and Sang Hyuk Kim, Structure and Conceptual Design of a Water-Hammering-Type *Honsang* for Restoration, *Journal of Astronomy and Space Sciences*, 29(2012),2: 221-232.

② 刘仙洲，王旭蕴，《中国古代对于齿轮系的高度应用》,《清华大学学报（自然科学版》1959 年第 4 期，第 1—11 页。

③ 欧阳修等,《新唐书》卷三一，中华书局，1975 年，第 807 页。

告完成。

水运仪象台高 12 米，宽 7 米，以水力作为动力。它上下分三层：上层是浑仪（用于天体测量），中层是浑象（用于演示天体运行），下层是司辰（用于自动报时）。苏颂在完工后的绍圣年间撰写《新仪象法要》一书，详细记载了水运仪象台的整体功能、零件 150 多种，并附有 60 多幅插图。1127 年金兵灭亡北宋，将水运仪象台掠往中都燕京，置于司天台。贞祐二年（1214），在蒙古军队的压力下，金朝迁都开封，水运仪象台因不便运输而遭丢弃，因无人能理解苏颂后人保存的手稿，水运仪象台长时间内无法复原。

如实复原水运仪象台的主要困难在于它的动力源和时间基准源——水力原动擒纵机构在《新仪象法要》中语焉不详，需要重新摸索设计。其中擒纵器由水轮顶部和东侧被称为天关、天衡、左右天锁、铁鹤膝、格叉、关舌、天条、天权、枢衡等众多杠杆组成，这些小零件数量多，尺寸精密，需要很高的设计和加工能力。1958 年王振铎最先复原水运仪象台模型，除发表论文外，还绘制复原详图存世。[①] 现在国内各地科技馆或天文馆收藏的复原模型，多为苏州市古代天文计时仪器研究所在王振铎研究的基础上，依照古法制作而成。[②]

---

① 王振铎，《揭开了我国"天文钟"的秘密》，《文物参考资料》1958 年第 9 期，第 5—9 页。

② 陈凯歌，《苏颂水运仪象台复原记》，《钟表》2003 年第 2 期，第 38—42 页。

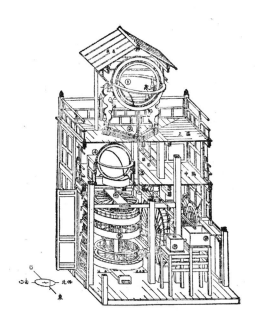

图 6-14　王振铎水运仪象台复原图

　　水运仪象台在世界技术发展史上占有重要地位，凸显着独立发明擒纵机构的中国机械传统。明末清初的耶稣会传教士利玛窦等人曾向西方介绍过中国传统钟表，以此打破了人们关于中国只用漏壶、香钟或日晷计时的印象。[1]1956 年，李约瑟、王铃和普赖斯（即前述安提基西拉机械的主要研究者）发表文章称，水运仪象台代表着公元 7 到 14 世纪之间中国制造天文钟的悠久传统，它启发了欧洲

───────────────

① 李约瑟，1999 年，第 438 页。

近代天文钟的制作。[①] 不过，水运仪象台仍以流水为动力，而没有像中世纪晚期的欧洲钟表那样完全机械化。

从中国盛唐时代向后推移约 1 个世纪，可以看到西亚开始进入以巴格达为中心的阿拉伯帝国阿拔斯王朝在文化创造上的繁荣时期，阿拔斯王朝进行的许多科技活动，如大地测量等，都比中国盛唐时期晚约 1 个世纪，但到宋代以后两大文明呈现出几乎齐头并进的局面。在这被称为"伊斯兰科学黄金时代"的几百年间，多种形式的模拟计算机开始在两河流域和波斯地区萌生，后来扩散到整个伊斯兰世界。其中伊斯兰传统自动机械是比较有代表性的创举。

伊斯兰世界的自动机械是对古典时代自动机械成就加以整理、吸收和发展后的成果。在古典时期，拜占庭的菲隆制作过可以随水面升降做出动作的蛇与鸟装置，亚历山大里亚的希罗制作过热力驱动的汽转球等。[②] 他们所利用的动力以及在机械设计方面的巧妙思考，通过 8 世纪之后兴起的翻译运动，对伊斯兰学者产生重要影响。

[①] J. Needham, Wang Ling and D. Price, Chinese Astronomical Clockwork, *Nature*, 177(1956), 31 March: 601-602; J. Needham, Wang Ling and D. Price, *Heavenly Clockwork: The Great Astronomical Clocks of Medieval China*, Cambridge: Cambridge University Press, 1960.

[②] D. Hill, *A History of Engineering in Classical and Medieval Times*, London and New York: Routledge, 1984, pp. 357-359.

　　较早在自动机械领域有所建树的伊斯兰学者，是生活在 9 世纪的巴努·穆萨。巴努·穆萨是三兄弟的合称，意为"穆萨的儿子们"。他们分别在天文、数学、精巧装置、几何学等领域拥有专长。其中老二艾哈迈德，撰有《论自动机械》等著作。在一些方面，书中所提原理和设计，例如曲柄连杆的系统运用，以及用于模拟星空运转的水运浑象等，要比中国晚，但仍比欧洲早得多。这部书呈现了自动水壶、喷泉、自动灯、提水装置等共计 100 种机械设计。[①] 其高度综合的设计、华丽的外观、多样化的功能，在伊斯兰技术史上起到承前启后的作用。

　　不过，无论是可以自动添油的灯，还是可以自动伸长的蜡烛，虽然在模拟计算机所需要的程序性上充满思考，但人们无须输入某种状态，只是从初始状态给出"第一推动"，然后等待自动装置完成流程即可。因此它还称不上模拟计算机。把自动机械与模拟计算机进行一定结合的，是另一位伊斯兰工程师加扎里（al–Jazari）。

　　加扎里出身于工匠世家。根据他的名字，我们可以知道他来自加扎里，这是位于两河流域上游，现在叙利亚和伊拉克边境的一个地方。他继承父亲衣钵，在家乡北边一个称作阿尔图克的小朝廷担任宫廷机械师。在其去世前不久，他完成了《论精妙的机械装置》，在这部书中，展示了 50 种机械装置的制造方法。其中包括

[①] Banu Musa and D. Hill, *The Book of Ingenious Devices*, Dordrecht, Boston and London: D. Reidel Publishing Company, 1979.

水钟、分配液体的自动装置、喷泉和音乐装置、提水机械等。对于每一种机械，作者都提供了详细的制作方法，而没有任何保留。[1]

水钟是近代摆钟发明之前的主要计时工具之一，包括加扎里在内许多古代工匠都对它展开过研究。加扎里设计的水钟比前人准确，不少还很壮观。他设计的水钟按驱动方式可以分两类，第一种以量筒内浮标的沉浮来牵动表盘的运动，第二种则用一个小斗来盛注入的水流，水满后小斗倾覆，推动棘轮转动。这些水钟除指针外，还经常以小鸟鸣叫、乐队演奏、小球撞击等多种方式来显示时间。这种"多媒体"在古代无疑很容易吸引大家的眼球，直到现在书中的不少作品，诸如城堡水钟、象钟等，都是科技博物馆中很受欢迎的展品。

位列加扎里著作中第一台机械的城堡水钟，就是一台大型可编程模拟计算机。它宏伟壮观，主要起到城市里钟楼的作用，放置在大厅、花园、宫殿、广场、寺庙中供人瞻仰。

这台水钟，机械设计的起点是一根空心圆柱形的储水筒，它本质上是一台漏壶，下方设有排水管。筒中排出的水流提供了水钟运转的动力。筒内有一个用蜡密封起来的浮标。浮标内灌入一些沙子使得它有能力带动旁边的滑轮组。水从筒中排出后，水位下降，浮标向下运动，从而带动滑轮转动。每天筒内的初始水量

---

[1] Al-Jazari and D. Hill, *The Book of Knowledge of Ingenious Mechanical Devices*, Dordrecht and Boston: D. Reidel Publishing Company, 1974.

图 6-15　加扎里设计的城堡水钟 ①

是根据当日白昼长度补充的。

　　储水筒下方有一个盛有浮动活塞的空腔，用于调节出水速度。水流过快，浮子向上浮动，堵塞排水管并减小水流，反之亦然。由于空腔内的水量保持稳定，从它的排水管输出的水流也较为稳定。空腔下方另有一个水流调节器，上面有黄道十二宫刻度，指示操作者按季节调试仪器。排水管处于转盘的不同位置时，水压不同，因而出水速度也不同。

① 加扎里，《论精妙的机械装置》，1354 年抄本，wikimedia commons.

随后，通过一系列齿轮和滑轮系统，这座城堡水钟的门楼上的一辆小车，上面竖起一根新月旗帜，在 12 个窗口后依次驶过，用来指示时辰的流逝。每经过一个小时，窗口后会弹出一尊人像，这时门楼两侧的鹰会从喙中吐出小球，落入下方铜盂中，发出悦耳的声响。门楼下的圆洞可以通过明暗来表示太阳升起后的时间。每隔三个小时，即 3、6、9、12 点时，城门下的乐队可以吹奏音乐来报时。

城堡水钟因其集成了丰富的表现形式而引人注意。但对于一台模拟计算机来说，重要的因素在于它的储水筒和排水转盘可以根据不同季节的实际白昼长度而进行调节，即输入不同初始量，会呈现出不同结果。[①]

除了机械水钟以外，加扎里还设计改进了多种提水装置，对于干旱地带的伊斯兰地区来说，该领域技术的进步与社会发展息息相关。他还通过椭圆形齿轮形成往返运动，设计了一种活塞式水泵，把以往用桶向上提水的方式，改进成用活塞向上压水。在加扎里之前，古希腊工程师亚历山大里亚的希罗，以及中国的冶金工匠，都用活塞来抽水或鼓风，但都需要人来直接施力。加扎里的椭圆形齿轮和气门的设计，使得活塞可以在水流的作用下自动运行，这是他在机械史上的一个创举，其中一些设计元素可能对达·芬奇等文艺复兴大师带来启发。

---

① Al-Jazari and D. Hill, 1974, pp. 17-41.

四、丝绸之路上的提花机与模拟计算机

前面我们提到的模拟计算机，如里程计、安提基西拉装置和自动水钟等，有的是输入一个量化的初始值，有的是以时间或空间方位为输入值，最终都显示出一系列相应计算结果。这说明，对于前现代模拟计算机，输入的信息可以是多种多样的，而让输入信息向输出信息转化的过程，即带有一定规则的程序，也可以是多种多样的。认识到这项核心特征后，我们可以发现古代生活中的模拟计算机，或者它的雏形，几乎随处可见。

布尔逻辑是数字电路设计的基础，这个术语是为了纪念英国数学家乔治·布尔（George Boole）于 19 世纪对其进行首次定义而制定的。然而，在此之前，很多古代工艺中已经能看到这类运算的萌芽。例如从新石器时代开始，中国陶器制作就运用了可翻刻花纹的范，待青铜材料广泛使用后，以范制陶器的工艺进一步发展成铜器的范铸法。即通过一块或多块模和范的组合，来把形制和表面花纹等信息传递到器物表面。模指的是器物的母型，而范则是依靠模翻制的模具，青铜器则是熔融铜液灌注内外范之间形成的空腔，冷却定型后再精修的结果。[1]

按布尔逻辑，如果把模的信息定义为 1，那么范的信息就是 0，而青铜器成品的信息又是 1。整个铸铜过程相当于运行两

---

[1] 华觉明，《中国古代金属技术——铜和铁造就的文明》，大象出版社，1999年，第81—84 页。

次"逻辑非运算"。秦汉以后古典青铜冶铸术退居金属技术次席，但范铸法在铸钱等领域仍继续发展。除使用模范铸造外，古代印度、两河流域，以及中国和伊斯兰地区，都有用雕刻好的石质或木质印模向纺织品或纸上印花的技艺，特别在以中国为代表的东亚，还诞生了更为复杂，且与文化发展关系更加密切的印刷工艺。凹版或凸版印版刷墨，转化为平面上出现的相应墨迹，是信息从1到1的过程，相当于运行一次"逻辑与运算"。模范与刻版体现的信息存储功能与运算过程还比较简单，以提花机为代表的古代织机在这方面则更加复杂。

纺织起源于编织，后者源于动物构筑巢穴等本能行为，直到今天仍多用于竹、藤等不便机器加工的材料。对于丝、麻、毛等较柔软的纤维材料，人们很早就诉诸机械来帮助处理它们。各种织机的基本功能是把纤维拉直，纵向排列形成经线，再运用不同途径将经线分组提起，与未提起的平面间形成开口（即"梭口"）。另一根线则系到梭子上，梭子两头削尖，便于引导线穿过梭口。梭子穿过后，用打纬刀等将线打实，形成与经线垂直的纬线。纬线位于被提起的经线之下、未被提起的经线之上。每根经线可以是各种颜色，甚至还可以设置为经重组织，即上下排列几根不同颜色经线，但表面仅显示其中一根经线的颜色。对于以经线显花的织物，可以设被提起的经线颜色为1，被纬线压在下面的颜色为0。如以纬线显花，多个牵引不同颜色纬线的梭子也可让织物整体颜色更加变幻生动，则可设单根纬线颜色值为1，显然在提起经线处它的运算结果为 0，未被提起处结果为 1。从输入颜色信息到输出表面显色结果，织机可视为一台模拟计算机。

最简单的提经方式是把经线按单双数分为两组，纬线运算结果为 10101010……均匀交错，在织物表面露出的经纬线比例为 1:1，这样的组织称作平纹。织造平纹织物，使用单根能把下方经线悬吊起来的综杆，结合开口、引纬、打纬步骤即可完成。在一台织机上使用多根综杆，则能把经线分成更多组，通过编排不同综杆提升顺序的组合，可以构造更复杂的循环纹样。设织物表面露出的经纬线比例为 m:n，如 m、n 相差不大，各行显示的经线与纬线能部分连续时，称作斜纹组织。如相差较大，数量较少的线隔很远才显示一次，经线或纬线有较长的浮于表面的部分，称作缎纹组织。

0	1	0	1	0
1	0	1	0	1
0	1	0	1	0
1	0	1	0	1
0	1	0	1	0

0	0	1	1	0
0	1	1	0	0
1	1	0	0	1
1	0	0	1	1
0	0	1	1	0

0	1	0	0	0
0	0	0	0	1
0	0	1	0	0
1	0	0	0	0
0	0	0	1	0

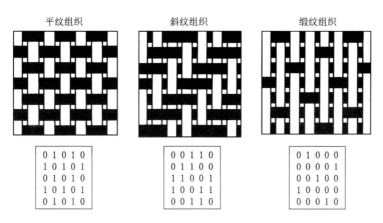

图 6-16 织物的三种基本组织示意图及数值结果
（纬线值为 1，取每图左上方 5×5 区域）

平纹织物纬线上下显隐交错，相当于 2 根纬线一个循环，斜纹和缎纹的花纹循环更多一些。织物越复杂，循环长度越大。在循环加长初期，可以改进提经的综装置，让其数量增多，结构也从综杆向综框演化，这是与将其提起的机械操纵装置改进相适应的。在综结构较简单的原始织机上，人们往往用腰或垂挂的重物来提供经向张力，再用手进行一切操作。结构较复杂的织机则加入连动装置，把提综功能转移到操作者足部的踏板（或称作蹑）。综数增加导致了两种应对方式。第一种方式是增加踏板数量，如中国和阿拉伯世界都曾出现过设置数十甚至百余根蹑或提综杆的织机。[①] 但织机本身宽度受织物成品限制，在此前提下如蹑数目过多，同样数量的传动杆也须做细，这对其材料强度提出更高要求。另一种方式是运用数学中的组合方法把综片予以整合。如现在常见的通过 4 根蹑片的排列组合，可控制最多 6 枚综片的提落。如蹑的数量更多，有可能将其分为左右脚分别控制的两组。[②] 这样一来，操作者需要把双脚踩蹑的次序，也就是显示经纬线颜色的程序牢牢记住。

---

① A. Muthesius, *Byzantine Silk Weaving: AD 400 to AD 1200*, Vienna: Verlag Fassbaender,1997, p.23.

② 这也是三国时代马钧把上百根蹑简化为十二根蹑的一种可能的解决方案。陈维稷，《中国大百科全书·纺织卷》，中国大百科全书出版社，1984 年，第 346 页。

图 6-17　印度尼西亚宋吉锦腰机（作者摄于中国丝绸博物馆）

　　综结构的演进还出现一个发展方向，就是把综杆或综片分为地综和花综两部分。地综负责织造作为背景的基本组织，花综则用于在基本组织上进一步呈现花纹。例如中国商代就有山形纹、菱形纹、回形纹、云雷纹等几何花纹。它们的地组织为平纹，花组织多为斜纹。这时就可设两根地综杆，以及根据花纹需要设置若干起花纹杆。又如现存典型多综多蹑机——四川丁桥织机，其织造地纹的素综有二至五片，对应的踏板也为二至五根，花综多至数十片，则排列的另一组踏板也多至数十根。很显然，织机能容纳的踏板及其传动装置是有限的，而织物品质的提升也很缓慢，如丁桥织机的花纹在横向上可横跨整幅宽度 50 厘米，但纵向循环受纺织材料粗细度和综片数影响，一般仅有 2—4 厘米，仅能通过把踏板正序后再逆序操作，使花纹上下对称来增大花纹纵向长度。^①丝绸之路上其他地方的织机也存在类似局限性。如可在伊朗一些地方看到的兹鲁（zilu）织机，花综数量从十几片到七十片不等，其操作顺序也主要依赖工匠记忆。操作这种织机的工匠多为擅长记忆和专业手工操作的盲人，有的工匠可记住 70—80 套图案的织造过程。尽管这是值得赞叹的，但人类记忆仍是有上限的。^②

　　为突破此局限，需要进一步探索在不让踏板变得过于拥挤的同时，有效延长花纹纵向循环的设计方案，这就导致提花机的出现。提花机是一种能够无限存储花纹信息，并使大规模循环图案重复呈现的织机，相当于为已拥有一定计算程序的织机再装载一块硬盘。它的出现体现了中国工艺传统中的模件化思维，^③即中国纺织品能够实现图案的大规模精确复制，在此基础上往往还会通过变换颜色而制造不重复的效果，同一机械更换新模件后即可生产不同产品，等等。有趣的是，提花机的存在也能从重复式的失误中觅得踪迹。战国马山楚墓出土的舞人动物纹锦上，能观察到循环错误插入的纬线，从而间接证明当时人们已使用能控制图案

① 钱小萍，《中国传统工艺全集·丝绸织染》，大象出版社，2005 年，第105—113，300—303 页。

② 陈巍，《古代丝绸之路与技术知识传播》，广东人民出版社，2018 年，第170—171 页。

③ 模件化生产体系由德国学者雷德侯（L. Ledderose）提出，参见雷德侯，《万物》，张总等译，三联书店，2005 年，第 10—11 页。

经向循环的提花机。^①但很长一段时间里，这一线索与文献所记提
花机年代相隔过大。直到 2012—2013 年在成都老官山汉墓发现的
4 具提花机模型，让人们一窥汉代蜀锦织造所使用的提花机类型。

图 6-18 成都老官山汉墓出土的织机

这几台模型显示了与宋代以后常见的花楼提花机不同的样貌，
较此前地花综分离的织机则呈现渐进式发展。除两块地综外，其
余纹综被置于一个带有格栅的木框内，由机顶一个带齿杆的直梁
进行定位，再由一对下挂的木钩进行选综，再由脚踏板通过滑框
或连杆提升纹综进行提花，即经线的提拉组合及顺序依托于带有
锯齿的横梁。老官山出土提花机把踩动平行排列的踏板来依次抬
起纹综，转化为由带齿横梁来存储纹综次序，并有间隔地输出所

<hr>

① 赵丰，《中国丝绸通史》，苏州大学出版社，2005 年，第 51 页。

存信息，纹综踏板仅需负责提起木框即可。此结构对地花两综带来双重解放。地综可以使用更多踏板，从而呈现更加复杂的地纹。花综则摆脱此前限制。运用老官山织机，可以织出年代相近的战国时期楚地墓葬以及新疆秦汉墓葬中发现的织物花纹，其中在复原新疆尼雅墓地出土"五星出东方利中国"织锦时，动用了84块纹综。①

　　老官山织机虽解决了与综框数量对应的踏板不能无限增加的难题，但问题仍然存在。具有刚性形状的综框大量排列，占据大量空间，增加木框重量，装配时也并不便利。在织造程序方面改进余地似乎不大，但信息存储装置刚刚出现，还有大幅改进的空间。古代工匠在这一问题上展现出高超的智慧。他们去除具有固定形状的综框，而把提起相应经线形成开口的排列信息映射到另行设计的"花本"中。花本也是由经线（脚子线）和纬线（耳子线）组成，耳子线即是综片的缩影，记录着提起经线，以及用什么颜色纬线的信息。它们如综片般按织造顺序排列，首尾相接循环使用。拉起需要使用的耳子线，可带动脚子线来连接相应经线。花本既可用于唐宋以后生产织锦的花楼织机，也见于今广西一带规格较小、结构较简单的竹笼织机。

---

① 罗群，《成都老官山汉墓出土织机复原研究》，《文物保护与考古科学》2017年第5期，第26—32页。

图 6-19　王祯《农书》中的花楼束综提花机

随着织机创新部件的转移，织造的关键工序也在发生变迁。多综多蹑机等织机将花纹记忆所需的脑力和操作机械的手脚汇集于操作者一人。提花机不仅可能需要提花工协助织造，而且需要专门的将设想纹样转化到花本的挑花匠。明末学者宋应星记载："凡工匠结花本者，心计最精巧，画师先画何等花色于纸上，结本者以丝线随画量度，算计分寸秒忽而结成之。"①挑花匠不但要精确计算花样与经纬线密度、长度之间的对应关系，还须最大限度地将所涉色彩进行"同类项"合并，让花本细致简洁。织工未必理解花本所载数据，但他们能在织机结构读取花本信息后，利用自身操作织机的技能，进一步丰富细节，让织物色彩变化更加繁复、生机勃勃。挑花匠与织工之间的关系有些类似于今天程序员中前

---

① 宋应星，《明本天工开物》，国家图书馆出版社，2019 年，第 87 页。

端（用织机生产成品）与后端（为织机制作可读取花本）的分离，相互依存，缺一不可。

通过以上叙述，我们可认识到提花机是一种输入各色经线纬线，在经过花本所存储的计算步骤及织工脑、眼、手、足等熟练操作相结合的程序运行后，输出具有大循环复杂花纹产品的模拟计算机。通过丝绸之路，提花机从中国向外传播，又推动了真正计算机的发展。

学者们经常引用 8 世纪中后期成书的唐朝人杜环《经行记》里的片段记载，来推测中国织机向外传播的时间。该书提到过巴格达的"绫绢机杼"及中国织工"织络者，河东人乐还、吕礼"，从而提示了中国织机在阿拉伯帝国统治范围内的存在。[①]唐朝工匠因各种缘故流落到伊斯兰地区并在那里继续从事本行，是有可能的。不过仅凭此认为织机，甚至是提花机这时已为西亚所接受，尚嫌论据不足。从前面所述可以知道，提花机涉及的是包括挑花结本在内的整条产业链，如仅有两名织工，他们使用提花机的话，很大可能将只能利用随身携带的花本，而难以根据顾客需要设计新的花本。所以要么巴格达当时还有其他未提及姓名的中国工匠，要么两名织工仅是极个别的情况。

西亚一带比较明确的关于新式织机的记载，见于 11 世纪特洛伊的拉什（Rashi of Troyes）对《塔木德》的注释。此人提到用

----

① 杜环，《经行记笺注》，张一纯笺注，中华书局，2000 年，第 55—56 页。

一种织机，"男子们用脚织造"。[1] 当时拜占庭的丝织物已经出现较复杂且重复的花纹，为生产出这样的织物，必须使用具有某种存储花纹信息的装置。例如德国亚琛保存的象纹织物（11 世纪产于君士坦丁堡），其花纹循环长度为 78 厘米，为实现此花纹，须有存储约 1440 根丝线织造信息的花本。[2] 拜占庭从中世纪早期就是西亚的丝织中心，提花机有可能从中国传播到那里。[3] 但拜占庭缺乏丝绸生产需要的大量劳动力，这使得该国注定成为其他更适宜丝绸生产的地区的技术中转地。除了小亚细亚和埃及的犹太社区外，提花机在中世纪后期还沿不同方向扩散到小亚细亚的奥斯曼、以波斯为中心的塞尔柱帝国，以及通过东欧和穆斯林控制的西班牙等途径传入欧洲。相关文献暗示 13 世纪意大利已有提花机，而距离中国更近的纺织大国印度熟悉提花机则要更晚到 15 世纪。

　　传统提花机需要两人通力协作，生产效率有限。人力不像中国那么密集又渴望从纺织品贸易中谋利的欧洲人逐渐接过中国人

[1] D. Jenkins, *The Cambridge History of Western Textile*, Cambridge: Cambridge University Press, 2003, p.194.

[2] A. Muthesius, Essential Processes, Looms, and Technical Aspects of the Production of Silk Textiles, in A. Laiou, ed., *The Economic History of Byzantium: From the Seventh through the Fifteenth Century*, Washington, D. C: Dumbarton Oaks, 2002, pp.155-156.

[3] A. Muthesius, *Studies in Byzantine and Islamic Silk Weaving*, London: Pindar Press, 1995, p.22.

改进提花机的接力棒。15 世纪下半叶，意大利织工让·勒·卡拉布里亚（Jean le Calabrais）受邀来到法国里昂，为在这里建设丝织中心，他将一种能更快、更精细加工纱线的新机器引进到这里。基于 18 世纪的累加式改进，1825 年，法国人雅卡尔（Joseph Marie Jacquard）将提花机作了一番改进。雅卡尔织机使用卡片而非线团作为存储信息的设备，与经线相连的综杆是否提起，由卡片上相应位置是否钻孔来决定，这取代了古代花本中的耳子线和脚子线。这类织机还具有自动控制卡片输入的功能，从而提高了织布效率。如何编制存储花纹信息的卡片仍然是颇费脑力的劳动，但不同的是在特定机器帮助下，卡片上打孔要比挑花结本容易得多。虽然雅卡尔织机仍是模拟计算机，不过在现代人看来，卡片晦涩难懂，倒更像是数字计算机的产物。

　　雅卡尔设计出卡片织机后，它很快得到法国数学家巴贝奇的关注。需要指出的是，尽管巴贝奇分析机中使用了与雅卡尔提花机近似的输入装置，但它与古代中国提花机相比早已时过境迁。通过比较新旧发明的特色，我们可以更清楚地认识中外提花机与数字计算机之间的异同。中国古代提花机不具备自动输入花本的功能，从花本向织物转化的过程仍需织工在其间发挥重要的个人能动性。而巴贝奇设计的机器除借鉴雅卡尔织机自动给机器"喂食"卡片外，还拥有一套程序员与机器相沟通的"后端"汇编语言，它远比提花机的数据信息更加抽象和复杂。

　　通过将提花机与其二度衍生发明分析机进行简单比较，可以

图 6-20　雅卡尔织机（作者摄于法国巴黎工艺技术博物馆）

看到出于种种原因，明清时期中国提花机失去了继续进行重大技术创新的条件，但我们仍能观察到蕴含在这种机器里的计算机的基因，它可称为数字计算机的古代雏形。

主要参考文献

一、中文史料

班固，《汉书》，中华书局，1962年。

《刘禹锡集》，卞孝萱校订，中华书局，1990年。

巢元方，《诸病源候论》，鲁兆麟点校，辽宁科学技术出版社，
　　1997年。

陈藏器，《本草拾遗辑释》，尚志钧辑释，安徽科学技术出版社，
　　2002年。

陈敬，《陈氏香谱》，《景印文渊阁四库全书》本，商务印书馆，
　　1983年。

陈梦雷等编，《古今图书集成医部全录》第12册，人民卫生出版
　　社，1962年。

陈寿，《三国志》，裴松之注，中华书局，1964年。

程俊英，《十三经译注·诗经》，上海古籍出版社，2004年。

杜环，《经行记笺注》，张一纯笺注，中华书局，2000年。

房玄龄等，《晋书》，中华书局，1974 年。

高荣盛点校，《秘书监志》，浙江古籍出版社，1992 年。

高诱注，《淮南子》，上海古籍出版社，1989 年。

葛洪，《西京杂记》，中华书局，1985 年。

韩婴，《韩诗外传》，商务印书馆，1939 年。

李昉等，《太平御览》，北京：中华书局，1960 年。

李延寿，《北史》，中华书局，1999 年。

马王堆汉墓帛书整理小组编，《马王堆帛书五十二病方》，文物出
　　版社，1979 年。

梅文鼎，《勿庵历算书记》，《景印文渊阁四库全书》本。

欧阳修，《新五代史》，中华书局，1974 年。

欧阳修等，《新唐书》，中华书局，1975 年。

阮元，《畴人传》，续修四库全书本。

阮元校刻，《十三经注疏·附校勘记》，中华书局，1980 年。

沈约，《宋书》，中华书局，1974 年。

司马迁，《史记》，中华书局，1959 年。

宋濂，《元史》，中华书局，1976 年。

宋应星，《明本天工开物》，国家图书馆出版社，2019 年。

陶弘景，《周氏冥通记》，《道藏》第 5 册，文物出版社、天津古籍
　　出版社、上海书店，1988 年。

脱脱等，《宋史》，中华书局，1977 年。

王祯，《农书译注》，齐鲁书社，2009 年。

卫杰，《蚕桑萃编》，中华书局，1956年。

闻人军译注，《考工记译注》，上海古籍出版社，1993年。

萧子显，《南齐书》，中华书局，1972年。

徐松，《宋会要辑稿》，中华书局，1957年。

许维遹集释，《吕氏春秋集释》，梁运华整理，中华书局，2009年。

玄奘，《大唐西域记》，章巽点校，上海人民出版社，1977年。

严可均，《全上古三代秦汉三国六朝文》，商务印书馆，1999年。

杨伯峻，《列子集释》，上海龙门联合书局，1958年。

杨天宇，《十三经译注·周礼》，上海古籍出版社，2004年。

杨则民，《潜厂医话》，人民卫生出版社，1985年。

张鷟，《朝野佥载》，中华书局，1979年。

张宗子辑注，《秾含文辑注》，中国农业科技出版社，1992年。

赵汝适，《诸蕃志校释》，杨博文校释，中华书局，1996年。

赵爽注，《周髀算经》，上海古籍出版社，1990年。

真人元开，《唐大和上东征传》，汪向荣校注，中华书局，1979年。

二、中文论著

岑仲勉，《中外史地考证》，中华书局，1962年。

陈菲，《唐代葡萄花鸟纹银香囊的研究》，《上海工艺美术》2015年
　　第3期。

陈久金，《斗转星移映神州（中国二十八宿）》，海天出版社，2012年。

陈久金：《回回天文学史研究》，广西科学技术出版社，1996年。

陈凯歌，《苏颂水运仪象台复原记》，《钟表》2003 年第 2 期。

陈美东，《我国古代漏壶的理论与技术——沈括的〈浮漏议〉及其它》，《自然科学史研究》1982 年第 1 期。

陈巍，《古代丝绸之路与技术知识传播》，广东人民出版社，2018 年。

陈维稷，《中国大百科全书·纺织卷》，中国大百科全书出版社，1984 年。

陈寅恪，《三国志曹冲华佗传与佛教故事》，载《寒柳堂集》，三联书店，2001 年。

戴念祖，《中国力学史》，河北教育出版社，1988 年。

戴念祖主编，《中国科学技术史·物理学卷》，科学出版社，2001 年。

邓亮，韩琦，《晚清来华西人关于中国古代天文学起源的争论》，《自然辩证法通讯》2010 年第 3 期。

方以智，《物理小识》卷八《器用类》。

冯源，《"汉机织汉锦"："五星出东方利中国"锦成功复制》，新华网，http://www.xinhuanet.com/politics/2018—05/21/c_1122865193.htm [2018—10—26]．

傅斯年等，《城子崖——山东历城县龙山镇之黑陶文化遗址》，中央研究院历史语言研究所，1934 年。

龚缨晏，《车子的演进与传播——兼论中国古代马车的起源问题》，《浙江大学学报（人文社会科学版）》2003 年第 3 期。

关晓武等，《珠海宝镜湾史前遗址出土环砥石用途试探》，邓聪主编，《澳门黑沙史前轮轴机械国际会议论文集》，澳门民政总署文化康体部，2014 年。

郭成伟点校，《大元通制条格》，法律出版社，1999 年。

郭沫若，《释支干》，《郭沫若全集》第 1 卷，科学出版社，1982 年。

郭书春，《古代世界数学泰斗刘徽》，山东科学技术出版社，1992 年。

郭书春，《中国传统数学史话》，中国国际广播出版社，2012 年。

郭书春主编，《中国科学技术史·数学卷》，科学出版社，2010 年。

何德亮，《我国最早的外科手术——广饶傅家遗址发现的开颅头盖骨》，《齐鲁文史》2007 年第 4 期。

贺陈弘，陈星嘉，《考工记独辀马车主要组件之机械设计》，《(新竹)清华学报》1994 年第 4 期。

华觉明，《中国古代金属技术——铜和铁造就的文明》，大象出版社，1999 年。

黄盛璋，《再论新疆坎儿井的来源与传播》，《西域研究》1994 年第 1 期。

季羡林，《印度眼科医术传入中国考》，《国学研究》第 2 卷，北京大学出版社，1994。

江晓原，《天学真原》，辽宁教育出版社，1991 年。

江晓原，《元代华夏与伊斯兰天文学接触之若干问题》，《传统文化与现代化》1993 年第 6 期。

李迪，《元大都天文台复原的尝试》，载《中国科学技术史论文集》
　　（一），内蒙古教育出版社，1991 年。

李文杰，《试谈快轮所制陶器的识别——从大溪文化晚期轮制陶器
　　谈起》，《文物》1988 年第 10 期。

力提甫·托乎提：《论 kariz 及维吾尔人的坎儿井文化》，《民族语
　　文》2003 年第 4 期。

廖育群等，《中国科学技术史·医学卷》，科学出版社，1998 年。

林梅村，《青铜时代的造车工具与中国战车的起源》，载《古道西
　　风：考古新发现所见中西文化交流》，三联书店，2000 年。

林梅村，《麻沸散与汉代方术之外来因素》，载《汉唐西域与中国
　　文明》，文物出版社，1998 年。

蔺道人，《理伤续断方》，王育学点校，辽宁科学技术出版社，
　　1989 年。

刘仙洲，王旭蕴，《中国古代对于齿轮系的高度应用》，《清华大学
　　学报（自然科学版）1959 年第 4 期。

陆敬严，华觉明主编，《中国科学技术史·机械卷》，科学出版社，
　　2000 年。

陆思贤，李迪，《元上都天文台与阿拉伯天文学之传入中国》，《内
　　蒙古师院学报(自然科学版)》1981 年第 1 期。

罗群，《成都老官山汉墓出土织机复原研究》，《文物保护与考古
　　学》2017 年第 5 期。

马伯英，高晞，洪中立，《中外医学文化交流史——中外医学跨文

化传统》，文汇出版社，1993 年。

马坚《〈元秘书监志·回回书籍〉释义》，载中国社会科学院民族
　　研究所回族史组编，《回族史论集》，宁夏人民出版社，1984。

潘吉星，《中国古代四大发明——源流、外传及世界影响》，中国
　　科学技术大学出版社，2002 年。

钱小萍主编，《中国传统工艺全集·丝绸织染》，大象出版社，
　　2005 年。

渠川福，《太原晋国赵卿墓车马坑与东周车制散论》，山西省考古
　　研究所等编，《太原晋国赵卿墓》，文物出版社，1996 年。

曲安京，《〈周髀算经〉新议》，陕西人民出版社，2002 年。

施加农等，《跨湖桥文化先民发明了陶轮和制盐》，《浙江国土资
　　源》2006 年第 3 期。

释道世，《法苑珠林校注》，周叔迦、苏晋仁校注，中华书局，
　　2003 年。

孙毂编，《古微书》卷二《尚书考灵曜》，载王云五主编《丛书集
　　成》初编，商务印书馆翻印，1935 年。

谭戒甫，《墨经分类译注》，中华书局，1981 年。

王根林校点，《古今注》，《汉魏六朝笔记小说大观》本，上海古籍
　　出版社，1999 年。

王国维，《西域井渠考》，载《观堂集林》第 2 册，中华书局，
　　1961 年。

王海城，《中国马车的起源》，《欧亚学刊》第 3 辑，中华书局，

2004 年。

卡普尔（J. N. Kapur），《数学家谈数学本质》，王庆人译，北京大学出版社，1989 年。

王巍，《商代马车渊源蠡测》，《中国商文化国际学术讨论会论文集》，中国大百科全书出版社，1998 年。

王振铎，《揭开了我国"天文钟"的秘密》，《文物参考资料》1958年第 9 期。

王振铎，《指南车记里鼓车之考证及模制》，《史学集刊》1937 年第3 期。

吾甫尔·努尔丁·托伦布克，《吐鲁番伯西哈千佛洞遗址发现千年坎儿井》，新疆维吾尔自治区坎儿井研究会，2011—3—8，http://karez.cn/showuqur.asp?id=127.

吴文俊，《我国古代测望之学重差理论评介——兼评数学史研究中某些方法问题》，载《吴文俊论数学机械化》，山东教育出版社，1996 年。

夏鼐，《从宣化辽墓的星图论二十八宿和黄道十二宫》，载《考古学和科技史》（考古学专刊甲种第十四号），科学出版社，1979年，第 50 页。

谢思炜，《白居易诗集校注》，中华书局，2006 年。

新城新藏，《东洋天文学史研究》，沈璿译，中华学艺社，1933 年。

新疆维吾尔自治区文物局，《新疆维吾尔自治区第三次全国文物普查成果集成·新疆坎儿井》，科学出版社，2011 年。

徐永庆，何惠琴编著，《中国古尸》，上海科技教育出版社，1996 年。

杨泓，《战车与车战二论》，《故宫博物院院刊》2000 年第 3 期。

杨建华，《辛塔什塔：欧亚草原早期城市化过程的终结》，《边疆考古研究》2007 年第 3 期。

于洁，《试论轮制陶器技术及其特点》，《南方文物》2015 年第 4 期。

张帆，《元朝诏敕制度研究》，《国学研究》第 10 卷，北京大学出版社，2002 年。

张显成，《西汉遗址发掘所见"熏毒"、"熏力"考释》，《中华医史杂志》2001 年第 4 期。

张星烺编注，《中国交通史料汇编》第 2 册，朱杰勤校订，中华书局，2003 年。

张荫麟，《宋卢道隆吴德仁记里鼓车之造法》，《清华学报（自然科学版）》1925 年第 2 期。

章云龙，《关于商高或陈子定理的讨论》，《中国数学杂志》1952 年第 3 期。

赵洪钧，武鹏译，《希波克拉底文集》，安徽科学技术出版社，1990 年。

钟兴麒，《中原井渠法与吐鲁番坎儿井》，《西域研究》1995 年第 4 期。

周有光，《关于文字改革的再思考》，载刘坚，侯精一主编，《中国语文研究四十年纪念文集》，北京语言学院出版社，1993 年。

竺可桢，《竺可桢文集》，科学出版社，1979 年。

邹大海，《中国数学的兴起与先秦数学》，河北科学技术出版社，2001 年。

三、外文论著及译文

5000-year-old Water System Discovered in Western Iran, in Payvand Iran News，2014-6-14，http://www.payvand.com/news/14/jun/1024.html.

《马克思恩格斯全集》，人民出版社，1979 年。

《马克思恩格斯选集》，人民出版社，1995 年。

《圣经》（新标点和合本），香港圣经公会，2005 年。

《希罗多德历史·希腊波斯战争史》，王以铸译，商务印书馆，1997 年。

A. Al-Hassan, ed., *Science and Technology in Islam: The Exact and Natural Sciences*, Paris: UNESCO, 2001.

A. Drachmann, *The Mechanical Technology of Greek and Roman Antiquity: A Study of the Literary Sources*, Copenhagen: Munksgaard, 1963.

A. Jones, *A Portable Cosmos: Revealing the Antikythera Mechanism, Scientific Wonder of the Ancient World*, Oxford: Oxford University Press, 2017.

A. Julianno, Possible Origins of the Chinese Mirror, *Notes on the History of Science.* 4(1985): 36-45.

A. Mazzù, et al., An engineering investigation on the Bronze Age Crossbar Wheel of Mercurago, *Journal of Archaeological Science: Reports*, 15(2017): 138-149.

A. Muthesius, Essential Processes, Looms, and Technical Aspects of the Production of Silk Textiles, in A. Laiou, ed., *The Economic History of Byzantium: From the Seventh through the Fifteenth Century*, Washington, D. C: Dumbarton Oaks, 2002, pp. 147-168.

A. Muthesius, *Byzantine Silk Weaving: AD 400 to AD 1200*, Vienna: Verlag Fassbaender, 1997.

A. Rovetta, et al., The chariots of the Egyptian Pharaoh Tutankhamun in 1337 B. C.: Kinematics and Dynamics, *Mechanism and Machine Theory*, 35(2000): 1013-1031.

A. Sleeswyk, Vitruvius' odometer, *Scientific American*, 252(1981), 4: 188-200.

A. Sleeswyk, Vitruvius' waywiser, *Archives Internationales d'Histoire des Sciences*, 29(1979): 11-22.

A. Smith, Alhacen on Image-Formation and Distortion in Mirrors: A Critical Edition, with English Translation and Commentary, of Book 6 of Alhacen's 'De Aspectibus', the Medieval Latin Version of Ibn al-Haytham's 'Kitāb al-Manāzir', *Transactions of the American*

Philosophical Society, 98(2008): 1-393.

A. Smith, Alhacen on Refraction: A Critical Edition, with English Translation and Commentary, of Book 7 of Alhacen's 'De Aspectibus,' the Medieval Latin Version of Ibn al-Haytham's 'Kitāb al-Manāzir', *Transactions of the American Philosophical Society*, 100(2010): 1-550.

A. Smith, Alhacen on the Principles of Reflection: A Critical Edition, with English Translation and Commentary, of Books 4 and 5 of Alhacen's 'De Aspectibus', the Medieval Latin Version of Ibn al-Haytham's 'Kitāb al-Manāẓir', *Transactions of the American Philosophical Society*, 96(2006):1-697.

A. Smith, Alhacen's Theory of Visual Perception: A Critical Edition, with English Translation and Commentary, of the First Three Books of Alhacen's De Aspectibus, the Medieval Latin Version of Ibn al-Haytham's 'Kitāb al-Manāẓir', *Transactions of the American Philosophical Society*. 91(2001):1-819.

A. Smith, Ptolemy's Theory of Visual Perception: An English Translation of the 'Optics' with Introduction and Commentary, *Transactions of the American Philosophical Society*, 86(1996): 1-300.

A. Smith, *From Sight to Light: The Passage from Ancient to Modern Optics*, Chicago: University of Chicago Press, 2014, pp.30-31.

A. Spalinger, The Battle of Kadesh: The Chariot Frieze at Abydos, *Egypt and the Levant*, 13(2003): 163-199.

A. Stein, Archaeological Reconnaissances in Southern Persia, *The Geographical Journal*, 83 (1934): 119-134.

A. Veluščekek, Une roue et un essieu néolithiques dans le marais de Ljubljana (Slovénie), in A-M. Pétrequin, et al., ed., *Premiers chariots, premiers araires: La diffusion de la traction animale en Europe pendant les IVe et IIIe millénaires avant notre ère*, Paris: CNRS, 2006, pp. 39-45.

A. A. S. Yazdi, M. L. Khaneiki, *Qanat in its Cradle*, Teheran: Shahandeh Publications Co. 2012.

A. Smith, *Blind White Fish in Persia*, New York: E. P. Dutton, 1954.

Al-Farghānī and R. Lorch, *Al-Farghānī on the Astrolabe*, Wiesbaden: Steiner, 2005.

Al-Jazari and D. Hill, *The Book of Knowledge of Ingenious Mechanical Devices*, Dordrecht and Boston: D. Reidel Publishing Company, 1974.

Ammianus Marcellinus, *Roman History*, trans., by C. Yonge, 31.2.20, https://en.wikisource.org/wiki/Page%3ARoman_History_of_Ammianus_Marcellinus.djvu/594 [2018–10–26].

B. Laufer, Optical Lenses: I. Burning-Lenses in China and India, *T'oung Pao*, 16(1915): 169-228.

B. Sandor, The Rise and Decline of the Tutankhamun-class Chariot, *Oxford Journal of Archaeology*, 23(2004),2: 153–175.

B. Saraswati, *Pottery-making Culture and Indian Civilization*, New Delhi: Abhinav, 1979.

B. Wood, *Sociology of Pottery in Ancient Palestine*, Sheffield: Sheffield Academic Press, 2009.

Banu Musa and D. Hill, *The Book of Ingenious Devices*, Dordrecht, Boston and London: D. Reidel Publishing Company, 1979.

C. Beekman, P. Weigand and J. Pint, Old World Irrigation Technology in a New World Context: Qanat in Spanish Colonial Western Mexico, *Antiquity*, 73 (1999): 440-446.

C. Boyer, *The History of the Calculus and Its Conceptual Development*, New York: Dover Publications, Inc.,1959.

C. Carman and J. Evans, On the Epoch of the Antikythera Mechanism and Its Eclipse Predictor, *Archive for History of Exact Sciences*, 68(2014),6: 693-774.

C. Singer, et al., ed., *A History of Technology*, Oxford: Clarendon, 1954, pp. 187-215.

Carra de Vaux, *Les Mécaniques ou l'Élévateur de Héron d'Alexandrie*, Paris: Leroux, 1894, p. 22-24.

Choi Chong-Kyu, The Dawn of the Emergence of Stoneware Pottery, *Hanguk Kogo Hakbo*, 12(1982): 213-224.

Ciceronis, De Re Pvblica, https://web.archive.org/web/20070322054142/; http://www.thelatinlibrary.com/cicero/repub1.shtml#21 ［2018–10–26］.

Creighton Buck, Sherlock Homes in Babylon, *American Mathematical Monthly*, 87(1988): 335-345.

D. Anthony and N. Vinogradov, Birth of the Chariot, *Archaeology*, 48(1995),2: 36-41.

D. Anthony, *The Horse, the Wheel, and Language: How Bronze-age Riders from the Eurasian Steppes Shaped the Modern World*, Princeton: Princeton University Press, 2007.

D. Balland, La place des galleries drainantes souterraines dans la géographie de l'irrigation en Afghanistan, in *Les eaux cachées: Etudes géographiques sur les galeries drainantes souterraines*, Publications du Département de Géographie de l'Université de Paris-Sorbonne, 19 (1992): 97-121.

D. Biello, Fact or Fiction?: Archimedes Coined the Term 'Eureka!' in the Bath, in *Scientific American*, 2006–12–8. https://www.scientificamerican.com/article/fact-or-fiction-archimede/.

D. Bose, S. Sen, B. Subbarayappa, ed., *A Concise History of Science in India*, New Delhi: Indian National Science Academy, 1971.

D. Capecchi, *History of Virtual Work Laws*, Milan: Springer-Verlag, 2012.

D. Engels, *Alexander the Great and the Logistics of the Macedonian Army*, Los Angles: University of California Press, 1978.

D. Flannery, *The Square Root of 2: A Dialogue Concerning a Number and a Sequence*, New York: Springer, 2006.

D. Hill, *A History of Engineering in Classical and Medieval Times*, London and New York: Routledge, 1984.

D. Jenkins, *The Cambridge History of Western Textile*, Cambridge: Cambridge University Press, 2003.

D. King, On the Early History of the Universal Astrolabe in Islamic Astronomy, and the Origin of the Term Shakkaziya in Medieval Scientific Arabic, *Journal for the History of Arabic Science Aleppo*, 3(1979): 244-257.

D. King, *Islamic Astronomical Instruments*, London: Variorum, 1987.

D. Lightfoot, Qanat in the Levant: Hydraulic Technology at the Periphery of Early Empires, *Technology and Culture*, 38(1997): 432-451.

D. Lightfoot, The Origin and Diffusion of Qanats in Arabia: New Evidence from the Northern and Southern Peninsula, *The Geographical Journal*, 166 (2000): 215-226.

D. Mattingly, The Fezzan Project 1999: Preliminary Report on the Third Season of Work, *Libyan Studies*, 30(1999): 129-145.

D. Potts, *The Arabian Gulf in Antiquity*, Oxford: Clarendon Press,

1992.

D. Price, An Ancient Greek Computer, *Scientific American*, 200(1959),6: 60–67.

D. Price, Gears from the Greeks: The Antikythera Mechanism-A Calendar Computer from ca. 80 B. C., *Transactions of the American Philosophical Society*, 64(1974), 7: 1-70.

D. Proulx, Nasca Puquios and Aqueducts, in J. Richenbash, ed., *Nasca: Geheimniscolle Zeichen im Alten Peru*, Zurich: Museum Rietberg Zurich, 1999, pp.89—96.

D. Wallace, *Everything and More: A Compact History of Infinity*, New York: W. W. Norton & Company, Inc., 2003.

D. Goblot, *Les qanāts, Une technique d'acquisition de l'eau*, Paris: Mouton, 1979.

E. Broudy, *The Book of Looms: A History of the Handloom from Ancient Times to the Present*, Hanover and London: University Press of New England, 1993.

E. Edwards and L. Jacobs, Experiments with 'Stone Pottery Wheels' Bearings: Notes on the Use of Rotation in the Production of Ancient Pottery, *Newsletter, Department of Pottery Technology (University of Leiden)*, 4(1986): 49-55.

E. Kheirandish, Science and Mithāl: Demonstrations in Arabic and Persian Science Traditions, *Iranian Studies*, 41(2008), 4: 465-489.

E. Kuzmina, *The Origin of the Indo-Iranians*, Leiden: Brill, 2007.

E. Maor, *To Infinity and Beyond: A Cultural History of the Infinite*, Princeton: Princeton University Press, 1991.

E. Neu, *Der Anitta-Text*, Wiesbaden: Studien zu den Boğazköy-Texten, 1974.

E. Quarantelli, *The Land between Two Rivers: Twenty Years of Italian Archaeology in the Middle East. The treasures of Mesopotamia*, Turin: Il Quadronte, 1985.

E. Shaughnessy, Historical Perspectives on The Introduction of The Chariot into China, *Harvard Journal of Asiatic Studies*, 48(1988): 189-237.

É. Trombert, The Karez Concept in Ancient Chinese Sources: Myth or Reality?, *T'oung Pao*, 94(2008): 115-150.

F. Nasiri, M. S. Mafakheri, Qanat Water Supply Systems: A Revisit of Sustainability Perspectives, *Environmental Systems Research*, 13 (2015): 1-5.

F. W. Walbank, *A Historical Commentary on Polybius, Vol.2*, Oxford: Clarendon Press, 1967.

G. Chaucer, *A Treatise on the Astrolabe*, London: Chaucer Society, 1880.

G. Ferriello, The Lifter of Heavy Bodies of Heron of Alexandria in the Iranian World, *Nuncius*, 20(2005): 327-346.

G. Gasson, The Oldest Lens in the World: A Critical Study of the Layard Lens, *The Opthalmic Optician*, 1972-12-9: 1267-1272.

G. Ifrah, *The Universal History of Computing: From the Abacus to the Quantum Computer*, New York: John Wiley & Sons, Inc., 2001.

G. Joseph, *The Crest of the Peacock: Non-European Roots of Mathematics*, Princeton: Princeton University Press, 2011.

G. Shar and M. Vidale, A Forced Surface Collection at Judeirjo-Daro (Kacchi Plains, Pakistan), *East and West*, 51(2001), 1: 37-67.

G. Sines and Y. Sakellarakis, Lenses in Antiquity, *American Journal of Archaeology*, 91(1987): 191-196.

G. Tokaty, *A History and Philosophy of Fluid Mechanics*, New York: Dover Publications, Inc., 1971

G. B. Cressey, Qanat, Karez, and Foggaras, *Geographical Review*, 48 (1958): 27-44.

G. Ilon, Újabb adat a réz-és bronzkori kocsik Kárpát-medencei történetéhez, *Vasi Szemle*, 55(2001): 474-485.

G. R. Kuros, M. L. Khaneiki, *Water and Irrigation Techniques in Ancient Iran*, Tehran: Irncid, 2007.

H. Franken, *In Search of the Jericho Potters: Ceramics from Iron Age and from the Neolithicum*, New York: Elsevier, 1974.

H. Selin, *Encyclopaedia of the History of Science, Technology, and Medicine in Non-Western Cultures*, New York: Springer-Verlag,

2008.

Hero of Alexandria, *The Pneumatics of Hero of Alexandria*, London: Taylor Walton and Mayberly, 1851.

I. Grattan-Guinness, *Companion Encyclopedia of the History and Philosophy of the Mathematical Science*, London and New York: Routledge, 1994.

I. Hafez, *Abd al-Rahman al-Sufi and His book of the Fixed Stars: A Journey of Re-discovery*, PhD thesis, James Cook University, 2010.

J. Bakker, et al., The Earliest Evidence of Wheeled Vehicles in Europe and the Near East, *Antiquity*, 73(1999): 778-790.

J. Baldi and V. Roux, The Innovation of the potter's wheel: A Comparative Perspective between Mesopotamia and the Southern Levant, *Levant*, 48(2016): 1-18.

J. Coulton, The Dioptra of Hero of Alexandria, in C. Tuplin and T. Rihll, ed., *Science and Mathematics in Ancient Greek Culture*, Oxford: Oxford University Press, 2002: 150-164.

J. DeLaine, Structural Experimentation: The Lintel Arch, Corbel and Tie in Western Roman Architecture, *World Archaeology*, 21 (1990), 3: 407–424.

J. Enoch and V. Lakshminarayanan, Duplication of Unique Optical Effects of Ancient Egyptian Lenses from the 4/5 Dynasties, *Ophthalmic and Physiological Optics*, 20(2000): 126-130.

J. Enoch, History of Mirrors Dating Back 8000 Years, *Optometry and Vision Science*, 83(2006): 775-781.

J. Enoch, The Enigma of Early Lens Use, *Technology and Culture*, 39(1998): 273-291.

J. Field and M. Wright, Gears from the Byzantines: A Portable Sundial with Calendrical Gearing, *Annals of Science*, 42(1985): 87-138.

J. Kruk and S. Milisauskas, Utilization of Cattle for Traction during the Later Neolithic in Southeastern Poland, *Antiquity*, 65(1991): 562-566.

J. Laessøe, The Irrigation System at Ulhu, 8th Century B. C., *Journal of Cuneiform Studies*, 5 (1951): 21-32.

J. Needham, Wang Ling and D. Price, Chinese Astronomical Clockwork, *Nature*, 177(1956), 31 March: 601-602.

J. Needham, Wang Ling and D. Price, *Heavenly Clockwork: The Great Astronomical Clocks of Medieval China*, Cambridge: Cambridge University Press, 1960.

J. North, *God's Clockmaker: Richard of Wallingford and the Invention of Time*, Continuum International Publishing Group, 2005.

J. O'Connor and E. Robertson, Sharaf al-Din al-Muzaffar al-Tusi, *MacTutor History of Mathematics Archive*, University of St Andrews. http://www-history.mcs.st-and.ac.uk/Biographies/Al-Tusi_Sharaf.html [2018–10–26].

J. Renn and P. Damerow, *The Equilibrium Controversy: Guidobaldo del Monte's Critical Notes on the Mechanics of Jordanus and Benedetti and Their Historical and Conceptual Background*, Berlin: Edition Open Access, 2012.

J. Wilson, The Texts of the Battle of Kadesh, *The American Journal of Semitic Languages and Literatures*, 43(1927), 4: 266-287.

K. Čufar, et al., Dating of 4th millennium BC Pile-dwellings on Ljubljansko Barje, Slovenija, *Journal of Archaeological Science*, 37(2010): 2031-2039.

K. La Grandeur, Robots, Moving Statues, and Automata in Ancient Tales and History, in C. Colatrella ed., *Critical Insights: Technology and Humanity*, New York: Salem Press, 2012, pp. 99-111.

L. Ball, *The Domus Aurea and the Roman Architectural Revolution*, Cambridge: Cambridge University Press, 2003.

L. Berggren, J. Borwein and P. Borwein, ed., *Pi: A Source Book*, New York: Springer Science + Business Media, 2004.

L. Crewe, Sophistication in Simplicity: The First Production of Wheelmade Pottery on Late Bronze-Age Cyprus, *Journal of Mediterranean Archaeology*, 20(2007),2: 209-238.

L. Woolley, *Ur Excavations, vol. 4: The Early Periods*, London/ Philadelphia: British Museum / Museum of the University of Pennsylvania, 1956.

M. Boileau, *Production et distribution des céramiques au IIIème millénaire en Syrie du Nord-Est*, Paris: E´ ditions de la MSH/ Éditions Epistèmes, 2005.

M. Bondár, A New Late Copper Age Wagon Model from the Carpathian Basin, in P. Anreiter, et al., ed., *Archaeological, Cultural and Linguistic Heritage: Festschrift for Erzsébet Jerem in Honour of her 70th Birthday*, Budapest: Archaeolingua Alapítvány, 2012.

M. Ceccarelli, Mechanism Classifications over the Time: An Illustration Survey, in *Special Celebratory Symposium in Honor of Bernie Roth's 70th Birthday*, 2018–5–19. https://synthetica.eng.uci. edu/BernieRothCD/Papers/Ceccarelli.pdf [2018–10–26].

M. Coxhead, A Close Examination of the Pseudo-Aristotelian Mechanical Problems: The Homology between Mechanics and Poetry as Techne, *Studies in History and Philosophy of Science*, 43(2012): 300-306.

M. Döring, Wasser für Gadara, 94 km Langer Antiker Tunnel in Norden Jordaniens Enteckt, *Querschnitt*, Darmstadt University of Applied Science, 21 (2007): 24-35.

M. Ekhtiar, et al., *Masterpieces from the Department of Islamic Art in the Metropolitan Museum of Art*, New Heaven: Yale University Press, 2011.

M. Lichtheim, *Ancient Egyptian Literature, vol. 2: The New Kingdom*,

San Francisco: University of California Press, 1976.

M. Littauer and J. Crouwel, The Origin and Diffusion of the Crossbar Wheel?, *Antiquity*, 202(1977): 95-105.

M. Littauer, et al., ed., *Chariot and Related Equipment from the Tomb of Tutankhamun*, Oxford, Griffith Institute, 1985.

M. Postnikov, The Problem of Squarable Lunes, *American Mathematical Monthly*, 107(2000): 645-651.

M. Schiefsky, Theory and Practice in Heron's Mechanics, in W. Laird and S. Roux, ed., *Mechanics and Natural Philosophy before the Scientific Revolution*, New York: Springer, Dordrecht, 2008, pp. 15-49.

M. Trokay, Les deux documents complémentaires en basalte du Tell Kannâs : base de tournette ou meule, in M. Lebeau and Ph. Talon, ed., *Reflets des deux fleuves. Volume de Mélanges offerts à André Finet*, Leuven: Peeters, 1989, pp. 169-175.

M. Karaji, *Exploration for Hidden Water*, Tehran: Bouyad-i-Farhang-i-Iran, 1966.

M. Sharif and B. Thapar, Food-Production Communities in Pakistan and Northern India, in *History of Civilization of Central Asia, Vol.1*, Delhi: Motilal Banarsidass, 1999, pp. 128-137.

N. Khanikoff, Analysis and Extracts of Book of the Balance of Wisdom, An Arabic Work on the Water-Balance, Written by 'Al-

Khazini' in the Twelfth Century, *Journal of the American Oriental Society*, 6(1858–1860):26.

N. Mackinnon, Homage to Babylonia, *The Mathematical Gazette*, 1992.

N. Sidoli and J. Berggren, The Arabic Version of Ptolemy's Planisphere or Flattening the Surface of the Sphere: Text, Translation, Commentary, *SCIAMVS*, 8(2007): 37-139.

O. Darrigol, *A History of Optics from Greek Antiquity to the Nineteenth Century*, Oxford: Oxford University Press, 2012.

O. Neugebauer, The Early History of the Astrolabe, *ISIS*, 40(1949): 240-256.

P. Adamson, *Al-Kindi*, New York: Oxford University Press, 2007.

P. Albenda, Mirrors in the Ancient Near East, *Notes on the History of Science*, 4(1985): 2-9.

P. Briant, Polybe X.28 et les qanats: Le témoignage et ses limites, in P. Briant, ed., *Irrigation et drainage dans l'antiquité: Qanats et canalisations souterraines en Iran, en Egypte et en Grèce-Séminaire tenu au Collège de France*, Paris: Thotm, 2001, pp.28-29.

P. Iversen, The Calendar on the Antikythera Mechanism and the Corinthian Family of Calendars, *Hesperia*, 86 (2017): 129–203.

P. Kemp, ed., *The Oxford Companion to Ships and the Sea*, Oxford: Oxford University Press, 1976.

P. Long, Picturing the Machine: Francesco di Giorgio and Leonardo da Vinci in the 1490s, in W. Lefèvre ed., *Picturing Machines, 1400–1700*, Cambridge [Mass.]: MIT Press, 2004, pp. 117-142.

P. Magee, The Chronology and Environmental Background of Iron Age Settlement in Southeastern Iran and the Question of the Origin of the Qanat Irrigation System, *Iranica Antiqua*, 15(2005): 217-231.

P. Moorey, *Ancient Mesopotamian Materials and Industries: The Archaeological Evidence*, Oxford: Oxford University Press, 1994.

P. Raulwing, The Kikkuli Text, Hittite Training Instructions for Chariots Horses in the Second Half of the 2nd Millennium B. C. and Their Interdisciplinary Context, http://www.lrgaf.org/Peter_Raulwing_The_Kikkuli_Text_MasterFile_Dec_2009.pdf [2018–10–26].

P. Vandiver, Sequential Slab Construction: A Conservative Southwest Asiatic Ceramic Tradition, ca. 7000–3000 B. C., *Paléorient*, 13(1987), 2: 9-35.

P. W. English, The Origin and Spread of Qanats in the Old World, *Proceedings of the American Philosophical Society*, 112 (1968): 170-181.

Pliny the Elder, The Natural History, http://www.perseus.tufts.edu/hopper/text?doc=Perseus:text:1999.02.0137:book=6:chapter=21&highlight=diognetus [2018–10–26].

Pseudo-Aristotle, *Mechanica*, Cambridge [Mass.] and London: Leob Classical Library, 1936.

R. Bianchi, Reflections in the Sky's Eyes, *Notes on the History of Science*, 4(1985): 10-18.

R. Bulliet, *The Wheel: Inventions and Reinventions*, New York: Columbia University Press, 2016.

R. Dugas, *A History of Mechanics*, London: Routledge & Kegan Paul Ltd., 1955.

R. Forbes, *Studies in Ancient Technology, Vol. 1*, Leiden: Brill, 1955.

R. Rashed, ed., *Encyclopedia of the History of Arabic Science, Vol.2*, London: Routledge, 1996.

R. Rashed, *The Development of Arabic Mathematics: Between Arithmetic and Algebra*, Berlin: Springer Science, 1994.

R. Tapper, K. McLachlan, *Technology, Tradition and Survival: Aspects of Material Culture in the Middle East and Central Asia*, London: Frank Cass, 2002.

R. Sala, Underground Water Galleries in Middle East and Central Asia, *Laboratory of Geo-archaeology*, Almaty, Kazakhstan. http://www.lgakz.org/texts/livetexts/8-kareztexteng.pdf.

R. Sala, J. M. Deom, The 261 Karez of the Sauran Region (Middle Syrdarya), *Transoxiana,* 13 (2008). http://www.transoxiana.org/13/sala_deom-karez_sauran.php.

Roux and Corbetta, *The Potter's Wheel: Craft Specialization and Technical Competence*, New Delhi and Oxford: IBH Publishing, 1989.

S. Doherty, *The Origins and Use of the Potter's Wheel in Ancient Egypt*, Oxford: Archaeopress, 2015.

S. Gould, The Method of Archimedes, *The American Mathematical Monthly*, 62 (1955): 473-476.

S. Méry, et al., A Pottery Workshop with Flint Tools on Blades Knapped with Copper at Nausharo, *Journal of Archaeology Science*, 34(2007): 1098-1116.

S. Piggott, Chariots in the Caucasus and in China, *Antiquity*, 1974: 16-25.

S. Sarma, Indian Astronomical and Time-measuring Instruments: a Catalogue in Preparation, *Indian Journal of History of Science*, 29(1994), 4: 507-528.

S. Stiros, Accurate Measurements with Primitive Instruments: the 'Paradox' in the Qanat Design, *Journal of Archaeological Science*, 33 (2006): 1058-1064.

Strabo, *The Geography*, http://penelope.uchicago.edu/Thayer/E/Roman/Texts/Strabo/11H*.html [2018—10—26].

T. Chondros, The Development of Machine Design as a Science from Classical Times to Modern Era, H. Yan, M. Ceccarelli ed.,

International Symposium on History of Machines and Mechanisms, New York: Springer Dordrecht, 2009, pp. 59-68.

T. Heath, *History of Greek Mathematics*, Oxford: The Clarendon Press, 1921.

T. Heath, *The Works of Archimedes*, Cambridge: Cambridge University Press, 2010.

T. Koetsier, Simon Stevin and the Rise of Archimedean Mechanics in the Renaissance, in S. Paipetis and M. Ceccarelli ed., *The Genius of Archimedes - 23 Centuries of Influence on Mathematics, Science and Engineering*, New York: Springer, Dordrecht, 2010.

UNESCO, *Aflaj Irrigation Systems of Oman*, http://whc.unesco.org/en/list/1207 .

V. Roux and C. Jeffra, The Spreading of the Potter's Wheel in the Ancient Meditatanean, in W. Gauss, et al., ed., *The Transmission of Technical Knowledge in the Production of Ancient Mediterranean Pottery*, Vienna: Österreichisches Archäologisches Institut, 2015, pp. 165-182.

V. Roux and P. de Miroschedji, Revisiting the History of the Potter's Wheel in the Southern Levant, *Levant*, 41(2009): 155-173.

W. B. Henning, A List of Middle-Persian and Parthian Words, *Bulletin of the School of Oriental Studies*, 9 (1937): 91.

Y. Yadin, Further Light on Biblical Hazor: Results of the Second

Season, 1956, *The Biblical Archaeologist*, 20(1957), 2: 33-47.

Yong Sam Lee and Sang Hyuk Kim, Structure and Conceptual Design of a Water-Hammering-Type Honsang for Restoration, *Journal of Astronomy and Space Sciences*, 29(2012), 2: 221-232.

Z. Ron, Qanat and Spring Flow Tunnels in the Holy Land, in P. Beaumont, M. Bonine and K. Mclachalan, ed., *Qanat, Kariz and Khettara*, Wisbech: Menas Press, 1989.

C. 丹皮尔,《科学史及其与哲学和宗教的关系》, 李珩译, 商务印书馆, 1989 年。

道森编,《出使蒙古记》, 吕浦译, 周良霄注, 中国社会科学出版社, 1955 年。

伽利略,《关于托勒密和哥白尼两大世界体系的对话》, 上海人民出版社, 1974 年。

卡斯蒂格略尼,《世界医学史》第 1 卷, 商务印书馆, 1986 年。

莫里斯·克莱因,《古今数学思想》第 1 册, 张理京、张锦炎译, 上海科学技术出版社, 1979 年。

劳费尔,《中国伊朗编》, 林筠因译, 商务印书馆, 1964 年。

雷德侯,《万物》, 张总等译, 三联书店, 2005 年。

李约瑟,《中国科学技术史》第 4 卷第 2 分册《机械工程》, 科学出版社, 1999 年。

戴维·林德伯格,《西方科学的起源》, 中国对外翻译出版公司, 2001 年。

罗素，《西方哲学史》，商务印书馆，1981 年。

马苏第，《黄金草原》，耿昇译，中国藏学出版社，2013 年。

苗力田主编，《亚里士多德全集》第 1 卷，中国人民大学出版社，1990 年。

欧几里德，《几何原本》，陕西科学技术出版社，2003 年。

恰托巴底亚耶，《印度哲学》，黄宝生等译，商务印书馆，1980 年。

舍人亲王等，《日本书纪》卷二六，http://www.seisaku.bz/nihonshoki/shoki_26.html [2018–10–26].

维特鲁威，《建筑十书》，陈平译，北京大学出版社，2012 年。

沃德 - 珀金斯，《罗马建筑 / 世界建筑史丛书》，吴葱等译，中国建筑工业出版社，2010 年。

席文，《为什么〈授时历〉受外来的影响很小？》，《中国科技史杂志》2009 年第 1 期。

谢弗，《唐代的外来文明》，吴玉贵译，中国社会科学出版社，1995 年。

詹姆斯·E. 麦克莱伦第三，哈罗德·多恩，《世界史上的科学技术》，王鸣阳译，上海科技教育出版社，2003 年。

人名译名对照表

阿波罗尼乌斯	Apollonius of Perga	约前 262—前 190
阿尔伯特·麦格努	Albert Magnus	约 1193—1280
阿尔沙克二世	Ansek II	？—前 191 年
阿基米德	Archimedes	前 287—前 212
阿喀琉斯	Achilles	
阿里斯托芬	Aristophanes	约前 446—前 385
阿那克西曼德	naximander	前 610—前 545
阿契塔	Archytas	前 428—前 347
阿维森纳	Avicenna	980—1037
艾约瑟	Joseph Edkins	1823—1905
安提丰	Antiphon	前 480—前 403
安条克三世	Antiochus III the Great	前 241 年—前 187 年

奥古斯都	Gaius Octavius Augustus	前 63—公元 14
奥马尔·海牙木	Omar Khayyám	1048—1131
巴克	Creighton Buck	1920—1998
巴门尼德	Parmenides	活跃于 5 世纪前期
巴努·穆萨	Banū Mūsā	约 803—873
俾俄	Jean–Baptiste Lamarck	1744—1829
贝顿	Baeton	
毕达哥拉斯	Pythagoras	约前 580—约前 500
比鲁尼	Biruni	973—1048
柏拉图	Plato	前 427—前 347
波利比乌斯	Polybius	前 203—前 121
布赖森	Bryson	
布罗卡得	Brocard	1845—1922
柴尔德	Vere Gordon Childe	1892—1957
达·芬奇	Leonardo da Vinci	1452—1519
大流士一世	Darius I	约前 550—前 486
丹皮尔	W. C. Dampier	1867—1952
德谟克利特	Democritus	约前 460—前 370
迪奥戈涅图斯	Diognetus	
丢番图	Diophantus	246—330

恩培多克勒	Empedocles	约前 495—约前 435
伐蹉衍那	Vātsyāyana	约公元 5 世纪
法尔甘尼	Al-Farghānī	800—870
菲隆	Philo of Byzantium	约前 280—前 220
费马	Pierre de Fermat	1601—1665
弗朗西斯科·迪· 乔尔吉奥	Francesco di Giorgio Martini	1439—1052
盖伦	Claudius Galenus	129—199
冈比西斯二世	Cambyses II of Persia	前 530—前 522 年 在位
哥布鲁	D. Goblot	
格罗斯泰特	Robert Grosseteste	1175—1253
戈纳巴德	Gonabad	
古斯塔夫·薛力赫	Gustaaf Schlegel	1840—1903
古希	Al-Qūhī	940—1000
圭多巴尔多· 德尔·蒙蒂	Guidobaldo del Monte	1472—1508
哈夫拉	Khafre	约前 2558—约前 2533
哈津	Al-Khāzin	900—971
哈罗德·多恩	Harold Dorn	

哈图西里一世	Ḫattušili I	？—前 1556
哈兹尼	Al–Khāzinī	活跃于 1115—1130 年间
海什木	Ibn al–Haytham	965—1040
汉明	Richard Wesley Hamming	1915—1998
赫伦	Heron of Alexandria	约 10—约 60
花剌子米	Al–Khwarizmi	780—850
霍尔丹	Jordanus de Nemore	1225—1260
迦那陀	Kanada	生卒年不详
加扎里	Ismail al–Jazari	1136—1206
卡丹	Girolamo Cardano	1501—1576
卡科狄乌斯	Calcidius	公元 4 世纪
卡拉吉	Al–Karaji	953—1029
卡普尔	J. N. Kapur	
卡斯蒂格略尼	Arturo Castiglioni	1874—1953
卡瓦列里	Bonaventura Francesco Cavalieri	1598—1647
卡西	Al–Kāshī	约 1380—1429
开普勒	Johannes Kepler	1571—1630
科尔布鲁克	Henry Thomas Colebrooke	1765—1837

肯迪	Al-Kindī	约 796—873
库斯塔·伊本·卢卡	Qusṭā Ibn Lūqā	约 820—约 912
拉瑞·巴尔	Larry Ball	
拉什	Rashi of Troyes	约 1040—1105
理查德	Richard of Wallingford	1292—1336
李约瑟	Joseph Needham	1900—1995
利玛窦	Matteo Ricci	1552—1610
林德伯格	David C. Lindberg	1935—
卢克莱修	Titus Lucretius Carus	约前 99—约前 55
罗吉尔·培根	Roger Bacon	约 1214—1293
罗素	William Russell	1872—1970
玛得那	Johann Heinrich von Mädler	1794—1874
马哈麻	Muhammad Khan	?—1415
马赫穆德·瓦斯菲	Makhmud Zainaddin Wasifi	1485—1551
马塞勒斯	Marcus Claudius Marcellus	约前 270—前 208
马沙亦黑	Shaikh Muhammad	
麦金农	Nick Mackinnon	
迈蒙尼德	Maimonides	1135—1204

米开朗基罗	Michelangelo Buonarroti	1475—1564
莫里斯·克莱因	Morris Kline	1908—1992
穆尔西里一世	Mursili I	? —前 1526
纳塞尔·库斯劳	Nasir Khusraw	1003—1077
尼禄	Nero Claudius	37—68
诺伊格鲍尔	Otto Neugebauer	1899—1990
欧多克索斯	Eudoxus	约前 400—约前 347
欧几里德	Euclid	约前 330—前 275
帕奥西多尼乌斯	Poseidonios	前 135—前 51
帕普斯	Pappus of Alexandria	290—350
普赖斯	Derek John de Solla Price	1922—1983
普林尼	Gaius Plinius Secundus	约 23—79
普卢尼埃尔	Prunieres	
乔答摩	Akshapāda Gautama	1 世纪
乔叟	Geoffrey Chaucer	约 1343—1400
乔治·布尔	George Boole	1815—1864
让·勒·卡拉布里亚	Jean le Calabrais	
萨尔贡二世	Sargon II	? —前 705
萨玛瓦尔	Al–Samaw'al	1130—1180

赛典赤·赡思丁	Sayyid Shams Din'Umar	1211—1279
塞内卡	Lucius Annaeus Seneca	约前 4—公元 65
塞维鲁·塞伯赫特	Severus Sebokht	575—667
斯尼夫鲁	Sneferu	前 2575—前 2551 在位
斯涅尔	Willebrord Snell Van Roijen	1580—1626
斯坦因	Marc Aurel Stein	1862—1943
斯特拉波	Strabo	约前 64—公元 23
宋君荣	Antonie Gaubil	1689—1759
苏菲	Al–Sufi	903—986
塔比·伊本·库拉	Thābit Ibn Qurra	约 826—901
塔塔利亚	Nicolo Fontana	1499—1557
泰阿泰德	Theaetetus	前 417—前 369
汤若望	Johann Adam Schall von Bell	1592—1666
童丕	Éric Trombert	
图坦卡蒙	Tutankhamun	前 1341—前 1323
图特摩斯三世	Thutmose III	前 1514—前 1425
托勒密	Claudius Ptolemaeus	约 90—168

韦柏	L. Weber	
维特鲁威	Marcus Vitruvius Pollio	
沃德 - 珀金斯	John B. Ward Perkins	1912—1981
西蒙·斯蒂文	Simon Stevin	1546—1620
西塞罗	Marcus Tullius Cicero	前 106—前 43
希波克拉底	Hippocrates of Chios	
希波克拉底	Hippocrates	前 460—前 370
希罗	Hero of Alexandria	10—70
希罗多德	Herodotus	约前 480 —前 425
希皮亚斯	Hippias of Elis	
席恩	Theon of Alexandria	活跃于 460—520 年
喜帕恰斯	Hipparchus	约前 190—前 120
谢弗	Edward Hetzel Schafer	1913—1991
谢拉夫丁·图西	Sharaf al–Dīn al–Ṭūsī	1135—1213
辛格二世	Sawai Jai Singh II	1688—1743
辛奈克里布	Sennacherib	前 704—前 681 在位
雅卡尔	Jacquard	1752—1834
亚里士多德	Aristotle	前 384—前 322
亚历山大大帝	Alexander the Great	前 356—前 323
伊本·萨尔	Ibn Sahl	

伊本·西纳	Ibn Sīna	980—1037
伊壁鸠鲁	Epicurus	前 341—前 270
伊斯菲扎里	Al–Isfizari	1048—1116
尤金纽斯	Eugenius of Sicily	约 1130—1202
约翰·费罗普诺斯	John Philoponus	490—570
扎马鲁丁	Jamal al–Din	
詹姆斯·E·麦克莱伦第三	James E. McClellan III	1946—
芝诺	Zeno of Elea	约前 490—前 425